Luxury Gratin & Delicious Soup

Luxury
Gratin
&
Delicious
Soup

豪華焗烤 & 百變濃湯

一台烤箱、一個湯鍋、經典 3 醬汁，
簡單步驟，輕鬆端上桌！

目錄 **CONTENTS**

棕醬篇 Brown source

關於材料標示

· 1杯為200ml、1大茶匙為15ml、1小茶匙
為5ml。

· 奶油請使用含鹽的奶油。

· 材料中的洋蔥若1個為160g的話，則以個
數表示。

· 預熱方法、烘烤時間視瓦斯烤箱或電烤箱
而異，因此請配合使用的烤箱做調整。本書
標示的是電烤箱所需的溫度與烘烤時間。

· 如果沒有預熱就直接烤，烘烤時間要比較
久，且料理可能會塌陷，所以請特別注意。
沒有烤箱的人也可以用烤吐司的小烤箱來
代替。

目錄 CONTENTS

焗烤與濃湯的變化版食譜
Luxury Gratin& Delicious soup

事前準備篇
Before cooking

西餐的帝王「焗烤與濃湯」

熱呼呼還會牽絲的起司、醬汁和食材交織成入口即化的焗烤，
以及濃縮了蔬菜和肉、魚美味的濃湯，只要一盤，可以當成配
菜，也可以當成湯來喝，發揮出無與倫比的存在感。

為了讓大家每天都能享受這兩道西餐中的王者，本書先從基礎
的醬汁著手，為各位介紹各種製作醬汁、善用這些醬汁做變化
的焗烤和濃湯作法。可以先把醬汁做好，再思考要用來做哪道
菜，也可以先看到想吃吃看的菜色，再研究其基礎醬汁要怎麼
做。請好好地享用這些美味的焗烤與濃湯。

基本醬汁的作法

白醬
White source

〈材料〉（完成品約600g）

洋蔥末……………………………1/2顆
奶油………………………………50g
低筋麵粉…………………………5大茶匙
牛奶………………………………3杯
月桂葉……………………………1片
鹽…………………………………1/2小茶匙
白胡椒……………………………少許

作法　How to make

1 把奶油放進鍋子裡，開小火，加熱到奶油融化一半左右，再加入洋蔥末。

2 接著，轉中火把洋蔥末炒軟。

3 關火，加入過篩的低筋麵粉，整個攪拌均勻。再以小火炒到不再呈現粉末狀，小心不要燒焦。

4 炒到噗滋噗滋地沸騰後，繼續加熱1分鐘再關火。

5
把1/3的牛奶加到作法4裡，充分地攪拌均勻後，開火，邊加熱邊攪拌，直到變成一坨半固體狀，等到沸騰以後再關火。

6
再加入1/3的牛奶，混合攪拌均勻。

7
再次開火，邊攪拌邊加熱，讓所有材料融為一體。

8
加入剩下的牛奶、月桂葉、鹽、白胡椒，邊攪拌邊以極微弱的小火熬煮8分鐘，小心不要煮滾，也不要燒焦。

提升美味的重點

1.　藉由加入洋蔥末，可以讓麵粉不容易結塊，還能提升美味，變得柔滑細緻。
2.　如果想增添風味，可以再加入少許的肉荳蔻和60ml鮮奶油（分量另計）。
3.　最後再加入2小茶匙昆布茶提味。

※ 若同時採取2和3的作法，味道會比較濃重，請特別注意。

基本醬汁的作法

棕醬

Brown source

〈材料〉（完成品約500g）

洋蔥絲 ························· 1顆
奶油 ······················· 50g
低筋麵粉 ··················· 3大茶匙
高湯塊 ······················ 2個
水 ·························· 2杯
番茄醬 ····················· 3大茶匙
紅酒 ······················· 1/2杯

作法 | How to make

1

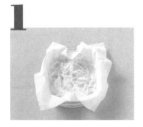

把廚房專用紙巾鋪在耐熱容器裡，均勻地放入洋蔥絲，包上保鮮膜，用微波爐（600W）加熱1分30秒。

2

將沙拉油（分量另計）倒進鍋子裡加熱，倒入作法1的洋蔥絲，以大火快炒5分鐘左右，炒到洋蔥絲呈現蜜糖色。

3

讓奶油融化在另一個鍋子裡，加入過篩的低筋麵粉，以中火炒到咖啡色，小心不要燒焦。（約莫炒到散發出烤餅乾的香味，變成類似牛奶巧克力的咖啡色即可）炒到呈現咖啡色以後，再把鍋子放在濕毛巾上，冷卻備用。

4

把水、高湯塊倒進作法2裡加熱，等到高湯塊溶解後，關火，放涼備用。

Brown source

5

6

7

一點一點地把作法4加到作法3裡,充分攪拌均勻,以免結塊。

開小火,分2～3次加入作法4,每次都要攪拌,把醬汁均勻地攪開。

把番茄醬和紅酒加到作法5裡,以大火煮滾後,再轉小火,繼續煮20分鐘左右,煮到變得濃稠。(一旦產生浮沫,就要邊撈除邊加熱)

用食物調理機把作法6打成柔滑細緻的醬汁,再倒回鍋子裡,以小火熬煮5分鐘左右。

提升美味的重點

1. 要花時間慢慢地把麵粉炒到變成咖啡色。若以大火快炒,會破壞麵粉的澱粉質,容易失去黏性,要特別留意。

2. 如果想增添風味,最後可以再加入可可含量80%以上的巧克力20g(分量另計),或者是在作法6添加1大茶匙蠔油(分量另計)。

基本醬汁的作法

蔬菜醬（青醬）

Vegetable source

〈材料〉（完成品約600g）

日本油菜	1把
芹菜	1/3根
馬鈴薯	1大顆
洋蔥絲	1/2顆
沙拉油	2大茶匙
低筋麵粉	1大茶匙
白酒	1/4杯
月桂葉	1片
水	1又1/4杯
鹽	1/2小茶匙
胡椒	少許

作法　How to make

1

切除日本油菜的根部，切成3cm長。芹菜去絲，切成薄片的小丁。馬鈴薯削皮，切成1cm寬的三角形，沖水備用。

2

把沙拉油倒進鍋子裡加熱，加入洋蔥絲、芹菜、1小撮鹽（分量另計），再以中火炒軟。

3

依序把馬鈴薯、日本油菜加到作法2裡拌炒，炒到所有蔬菜都吸收油分後就可以關火了。

4

將低筋麵粉過篩加到作法3裡，以中火炒到不再有粉末狀。

Vegetable source

加入白酒之後攪拌均匀，轉大火把酒精燒至揮發。

把月桂葉、水加到作法5裡，開大火煮到滾，再轉小火續煮15分鐘，把食材煮軟。

取出作法6的月桂葉後，用食物調理機（攪拌器）把作法6打成細緻的醬汁。

把作法7倒回鍋子裡，以小火繼續煮5分鐘，並用鹽和胡椒調味。

提升美味的重點

1. 馬鈴薯泡水太久會流失澱粉質，導致失去黏性，所以只要稍微沖洗一下即可。

2. 如果想增添風味，可以在作法 6 加入 30g 奶油（分量另計）。

基本醬汁的作法

蔬菜醬（紅醬）

Vegetable source

〈材料〉（完成品約700g）

蒜頭·······························1瓣
橄欖油·························4大茶匙
洋蔥末·························1/2顆
一整顆的水煮番茄罐頭···2罐（約800g）
鹽·····························1/2小茶匙
胡椒·····························少許
九層塔·························1枝
砂糖·························1大茶匙

作法 How to make

1 切除蒜頭芽，用菜刀拍扁。

2 把橄欖油、蒜頭倒進鍋子裡，開小火。

3 炒到蒜頭散發出香味後，再加入洋蔥末，炒到軟。

4 將搗爛的水煮番茄、鹽、胡椒、九層塔加到作法3裡，以中火煮滾，再轉小火，繼續煮20分鐘左右。

5 取出九層塔，用食物調理機把作法4打成柔滑細緻的醬汁。

6 將作法5倒回鍋內，加入砂糖，以小火煮5分鐘左右。

提升美味的重點

1. 以小火拌炒橄欖油和蒜頭的時候，可以加入20g奶油（分量另計）、60g切成1cm小丁的培根（分量另計），炒到散發出香味。再取出培根、九層塔，用食物調理機打成柔滑細緻的醬汁。

2. 用橄欖油炒蒜頭、洋蔥的時候，可以加入1片切成細絲的風乾番茄（分量另計）拌炒，最後再加入1小茶匙白味噌（分量另計），用以代替砂糖。

※若同時採取1和2的作法，味道會比較濃重，請特別注意。

保存醬汁的訣竅

醬汁做好後，請妥善地冷藏、冷凍保存。為了隨時都能輕鬆地做出焗烤與濃湯，不妨一次做好一定的量，保存備用。

如果要冷藏保存

1 以密封罐保存。

保存期限 **約4天**

如果要冷凍保存

1 裝進夾鏈袋，重疊平放在調理盤裡。

2 以平放在調理盤裡的狀態直接冷凍保存。

3 要用的時候再以微波加熱或自然解凍來使用。

保存期限 **約2週**

焗烤與濃湯的基本技巧

1 細火慢炒，美味倍增

用油或奶油拌炒焗烤與濃湯的食材，可以讓美味倍增。這時有一個重點，就是不要急，細火慢炒。過程中加入一小撮鹽巴，再把水分收乾，就會留下甘醇濃郁的風味。這點可以說是製作醬汁的共通點。

\重點所在/

要加熱的鮮奶油請一定要使用動物性的鮮奶油。植物性的鮮奶油不耐高溫,容易油水分離。

2 最後再加入乳製品,不要煮到滾

最後再加入乳製品(牛奶或鮮奶油)、豆漿。要是煮到沸騰,可能會油水分離,導致風味流失,所以請最後再加入乳製品,轉小火,以保溫的程度加熱即可。要不時攪拌,使其受熱均勻,小心不要燒焦了。

3 在焗烤盤裡加一點油脂

準備好材料，放進烤箱烘烤前，請先把烤箱內部加溫（預熱）。利用預熱的時間把奶油或沙拉油塗抹在焗烤盤裡，此舉可以避免食材燒焦黏住焗烤盤。塗抹奶油時可以使用一小塊保鮮膜塗抹，便能塗上均勻的薄薄一層。

4 先把醬汁攪拌均勻以後再加到濃湯裡

把醬汁（白醬、棕醬、蔬菜醬）加到濃湯裡的時候，請務必先用濃湯的湯汁把醬汁稀釋後再加到濃湯裡。要是直接加入醬汁，比較不容易與濃湯的湯汁融合，而且為了使兩種湯汁充分融合的攪拌動作多半也是造成食材碎裂的原因之一。

起司的種類

焗烤最後所使用的起司是不可或缺的美味關鍵！在本書裡，將配合食材及醬汁的味道，善用各種不同的起司。

本書所使用的起司種類

起司粉

乾燥的粉末狀起司。比普通的起司容易保存，方便好用。

綜合起司

事先切碎的天然起司。很容易融化，是製作濃湯的好幫手。

軟起司

卡門貝爾起司、茅屋起司、高達起司等等，藉由放上軟起司，使其受熱融化，可與食材融為一體，帶出風味及濃醇香。

硬起司

風味濃郁、富有層次感的硬起司，多半削在焗烤上來吃。

義大利麵的種類

義大利麵很容易吸附醬汁及餡料，因此在本書裡也經常被使用到。

筆管麵

中空的筆管麵具有很容易吸附醬汁及濃湯，不容易煮爛的特徵。

螺旋麵

螺旋麵的形狀有如螺絲釘，與絞肉等剁碎的餡料十分對味。

短管麵

特色在於為了充分吸附醬汁，還在表面刻劃出紋路。

直麵

標準的粗細為1.2～1.6mm。本書是先折成三等分，煮熟以後再使用。

義大利麵捲

超級粗的圓筒形義大利麵，可以把餡料或醬汁塞進裡頭吃。

通心粉

小小一根，煮的時間很短，處理起來也很輕鬆。

貝殼麵

一種短義大利麵，做成貝殼的形狀，也適用於沙拉。

庫司庫司

被譽為世界上最小的義大利麵，使用前要先泡過熱水。

白醬篇
White source

以牛奶為基底製作的白醬
具有柔滑細緻的濃郁香醇口感。

01 奶香味十足的帕馬森起司與莫札瑞拉起司焗烤

使用了兩種起司，極為簡單的筆管麵焗烤。筆管麵不用煮，直接與醬汁拌勻，放進耐熱容器即可。只要用烤箱或烤吐司的小烤箱烘烤，就能呈現出剛好彈牙的熟度。

〈材料〉（2人份）

紅蔥頭	1片（約10g）
磨菇	2個
里肌肉火腿	2片（約30g）
莫札瑞拉起司	1/2個
筆管麵	80g
黑胡椒粒	適量
A 白醬	2/5杯
鮮奶油、牛奶	各1/2杯
白酒	1大茶匙
帕馬森起司（粉）	1大茶匙
鹽、胡椒	各少許

作法　How to make

1 把紅蔥頭切成碎末，磨菇切成薄片，里肌肉火腿切成3mm的小丁。

2 莫札瑞拉起司撕成小塊。

3 將A材料放進調理碗，充分攪拌均勻備用。

4 把筆管麵、作法1放進耐熱容器裡。

5 倒入作法3，整個攪拌均勻。

6 將作法2均勻地撒在表面，放進預熱至180度的烤箱烤30分鐘左右。確定筆管麵有熱，醬汁收乾以後，繼續在熄火的烤箱裡悶5分鐘左右。最後再撒上黑胡椒粒。

02 酥皮雞肉奶油濃湯

最常見的奶油濃湯，使用了派皮做成類似麵包盅的酥皮濃湯。牢牢地蓋上派皮，不要讓空氣跑出來，就能把派皮烤得膨膨的。

〈材料〉（直徑9cm的小盅4個）

馬鈴薯	1顆
紅蘿蔔	1/4根
洋蔥	1/4顆
磨菇	2個
雞腿肉	100g
鹽、胡椒	各少許
白酒	2小茶匙
青豆（冷凍）	30g
水	1杯
雞湯塊	1/2個
月桂葉	1片
白醬	1杯
沙拉油	2小茶匙
冷凍派皮	2片
蛋黃	1個

作法 How to make

1

把馬鈴薯、紅蘿蔔、洋蔥切成1cm的小丁，馬鈴薯泡一下水，磨菇以十字切成4等分。

2

將雞腿肉切成3cm的小丁，撒上鹽、胡椒、白酒醃漬10分鐘。把沙拉油倒進鍋子裡加熱，連同鹽、胡椒、白酒把雞腿肉倒進鍋子裡，以中火煎，小心不要燒焦了。

3

煎到雞腿肉的表面變色以後，再依序加入洋蔥、紅蘿蔔、馬鈴薯、磨菇，炒到所有的食材都吃到油。

4

把青豆、水、雞湯塊、月桂葉放進作法3裡，以中火煮滾後，蓋上鍋蓋，轉小火，再煮10分鐘左右，把食材煮熟。

5

取出月桂葉，關火，把料和湯分開。

6

將白醬倒進調理碗，加入1匙作法5的湯，把白醬攪散。再將白醬、剩下的湯加到鍋子裡，攪拌均勻，以中火煮到滾，再轉小火繼續煮5分鐘，小心不要燒焦。

7

再把作法5的料倒回作法6裡，稍微攪拌一下，以鹽、胡椒（分量另計）調味，關火放涼。將冷凍派皮切成容器的大小，事先用擀麵棍擀成比原本的面積大一圈備用。

8

最後，把作法7的濃湯倒進容器裡，達7分滿，鬆鬆地罩上冷凍派皮，輕輕地將容器周圍的冷凍派皮壓緊，別讓空氣跑進去。把蛋黃塗在派皮表面，趁派皮還冷的狀態下，放進預熱至200度的烤箱烤12分鐘左右。

03

小芋頭章魚明太子奶油焗烤

重點在於鮮奶油。鮮奶油可以蓋過章魚的腥味、製造高雅的味道。小芋頭恰到好處的
黏性能讓醬汁變得更濃郁，呈現入口即化的口感。

〈材料〉（2人份）

小芋頭·························約300g	
（大的約4個，小的約8～9個）	
水煮章魚·························200g	
起司絲·························30g	
紫蘇·························4片	
A 白醬·························1杯	
鮮奶油·························1/4杯	
明太子（已撕除薄皮）·········1條（約50g）	
白味噌·························2小茶匙	

作法 How to make

1

把帶皮的小芋頭洗乾淨，
用蒸籠蒸10分鐘左右，
小芋頭蒸熟後，再削皮。
把比較大的小芋頭切成
2～3等分。

2

以滾刀塊將水煮章魚切成
稍大的一口大小。

3

將作法1和作法2放進調
理碗，加入充分攪拌均勻
的A材料，混合拌勻。

4

再把奶油（分量另計）塗
抹在耐熱容器的內側，
倒入作法3，把起司絲撒
在表面上，放進預熱至
200度的烤箱烤10分鐘
左右。要吃以前再撒上切
成細絲的紫蘇。

04 牡蠣培根柚子胡椒巧達濃湯

白醬和柚子胡椒對味得不得了。酒蒸牡蠣的湯汁會化身為絕妙的湯頭，變成非常下飯的濃湯。牡蠣用小火蒸可以蒸得非常鬆軟綿密。

〈材料〉（2人份）

洋蔥 ······························· 1/2顆
荷蘭芹 ·························· 適量
培根 ······························ 4片
牡蠣 ··························· 100g
酒 ································ 2大茶匙
沙拉油 ····················· 1大茶匙
柚子胡椒 ·············· 1/2小茶匙
水 ···························· 1/2杯
日式高湯粉 ············· 1小茶匙
白醬 ······························ 1杯
豆漿 ························· 1/2杯

作法　How to make

1
把洋蔥切成1cm的小丁，荷蘭芹切碎。
2片培根切成粗末，另外2片切成一半的
長度，炒到香香脆脆的備用。

2
用鹽水（分量另計）沖洗牡蠣，瀝乾水
分，放進鍋子裡，淋上酒，蓋上鍋蓋，
蒸煮2～3分鐘，直到牡蠣變得鬆軟綿
密。蒸煮的湯汁要留下來備用。

3
將沙拉油倒進鍋子裡加熱，以中火把洋
蔥炒軟。再加入切成粗末的培根，炒到
出油，加入柚子胡椒，稍微拌炒一下，
關火。

4
把水、日式高湯粉加到作法3裡，以中
火煮滾後，再轉小火，繼續煮5分鐘。

5
用豆漿把白醬攪散，加到作法4裡，以
中火加熱到將滾未滾的狀態。

6
連同蒸牡蠣的湯汁把作法2的牡蠣倒進
作法5裡，攪拌均勻。

7
再把作法6盛入碗中，放上作法1的炒
培根，撒上荷蘭芹。

05

奶油培根蛋黃義大利麵的
舒芙蕾焗烤

把蛋白霜加到用白醬和蛋黃做的奶油
培根蛋黃義大利麵裡，做成口感輕盈
的醬汁，烤好之後會變成舒芙蕾狀。
請把義大利麵沾滿濃郁的奶油培根蛋
黃來吃。

〈材料〉（直徑8.5cm×高4cm小盅4個）

義大利直麵	100g
義大利培根	50g
白醬	1又1/4杯
蛋	2個（事先把蛋白和蛋黃分開）
帕馬森起司（起司粉）	1大茶匙
黑胡椒粒	少許
橄欖油	適量

作法 How to make

1

用鍋子煮沸2公升的熱水，加入1大茶匙鹽和少許橄欖油（兩者的分量皆另計），再加入折成3等分的義大利直麵。

2

把義大利培根切成長5cm、寬1～2cm的長方形後，放進以橄欖油加熱的平底鍋裡拌炒均勻。

3

將白醬、蛋黃、帕馬森起司、黑胡椒粒倒入調理碗中，充分攪拌均勻。

4

再把蛋白放進另一個調理碗，打發到可以拉出直立的尖角。

5

分3次把作法4加到作法3裡，稍微攪拌一下，不要攪到消泡。

6

把煮好的義大利直麵和義大利培根放進作法4的空調理碗裡，加入2/3的作法5，攪拌到還不至於消泡的程度。

7

動作俐落地把作法6倒進小盅裡，在上頭補滿剩下的作法5，從高處把容器的底部敲在桌上幾次，把空氣敲出來，再將表面抹平，放進預熱至180度的烤箱烤20分鐘左右。

06 南瓜麵疙瘩焗烤

麵疙瘩柔韌彈牙的口感令人回味無窮，加上南瓜的甘甜和一點點戈爾根佐拉起司特有的酸味。麵疙瘩用冷水沖涼以後，再淋上橄欖油，就可以冷藏保存 2 ～ 3 天、冷凍保存 1 星期。

〈材料〉（2人份）

南瓜‥‥‥‥‥‥ 約1/4個（淨重約200g）
低筋麵粉‥‥‥‥‥‥‥‥‥‥‥‥ 約70g
帕馬森起司（起司粉）‥‥‥‥‥ 1大茶匙
鹽‥‥‥‥‥‥‥‥‥‥‥‥‥‥‥ 少許
青花菜‥‥‥‥‥‥‥‥‥‥‥‥‥ 1/4棵
鴻喜菇‥‥‥‥‥‥‥‥‥‥‥‥‥ 1/2包
A 白醬‥‥‥‥‥‥‥‥‥‥‥‥‥ 1杯
　戈爾根佐拉起司‥‥‥‥‥‥‥‥ 40g
B 帕馬森起司（起司粉）‥‥‥‥ 1/2大茶匙
　比較細的麵包粉‥‥‥‥‥‥ 1大茶匙

作法 How to make

1

剔除南瓜的種籽和瓜囊，放進耐熱容器裡，用微波爐（600W）加熱5～6分鐘，直到竹籤可以輕易地刺進去，再把皮削掉。

2

趁熱用搗碎器把南瓜搗碎，一點一點地加入低筋麵粉，直到南瓜不再水水的（約70g的低筋麵粉，不夠的話可以再加）。加入帕馬森起司和鹽，用手把麵糊揉成一團。

3

把作法2放在撒上高筋麵粉（分量另計）的作業台上，擀成直徑1.5cm左右的棒狀，再切成一口大小。

4

用叉子在作法3的表面壓出紋路。

5

用鍋子煮沸2公升的熱水，加入1大茶匙鹽（分量另計），把撕成小朵的青花菜放進去煮到不要太軟，再拿出來，接著煮作法4的麵疙瘩。煮到麵疙瘩浮起來，就可以撈出來了。

6

把A材料、撕成小朵的鴻喜菇放進鍋子裡，以中火煮滾後，再加入作法5拌勻，並以鹽、胡椒（分量另計）調味，關火。

7

把奶油（分量另計）塗抹在耐熱容器裡，放入作法6，再均勻地淋上B材料，放進預熱至200度的烤箱烤10分鐘左右。

07 烤紅椒濃湯

以紅椒為主角的濃湯。直接帶皮放在瓦斯爐上烤，帶出甜味，再加上用來提味的小茴香，做成東方風味。

〈材料〉（2人份）

小洋蔥	4顆	橄欖油	1大茶匙
花椰菜	2小朵	水	1杯
紅蘿蔔	1/4根	月桂葉	1片
四季豆	2根	高湯塊	1個
紅椒	2個	白醬	1杯
牛肉（濃湯用）	300g	鹽、胡椒	各少許
小茴香	少許	黑胡椒粒	適量

作法 How to make

1 小洋蔥去皮，對半切開，把花椰菜撕成小朵，紅蘿蔔削皮，垂直切成4等分。用鹽水把四季豆、花椰菜、紅蘿蔔煮到不要太軟備用。

2 用叉子叉起紅椒，直接放在瓦斯爐上烤，烤到整個紅椒變成黑色，再放入調理碗，罩上保鮮膜蒸熟，放涼以後再剝皮。

3 把橄欖油（1/2大茶匙）放進鍋子裡加熱，將小洋蔥、紅蘿蔔、花椰菜炒熟，拿出來。繼續用鍋子加熱剩下的橄欖油，加入用鹽、胡椒調味的牛肉、小茴香，為牛肉的表面煎出焦痕。

4 將水、月桂葉、高湯塊加到作法3裡，以中火煮滾後，蓋上鍋蓋，再轉小火燉煮到軟爛。

5 用食物調理機把白醬、作法2的紅椒打到柔滑細緻。

6 在作法5裡加入一點作法4的湯，攪拌均勻，倒回鍋內，開中火煮到滾，再轉小火煮5分鐘，取出月桂葉，以鹽、胡椒（分量另計）調味。

7 把濃湯、肉和烤好的蔬菜盛入碗中，撒上黑胡椒粒。

08

一整顆五月皇后馬鈴薯的
卡門貝爾焗烤

使用了一整顆馬鈴薯的焗烤，重點在於加速煮熟的前置作業。只要事先利用
免洗筷劃上刀痕，就能在短時間內烹調至鬆軟美味。

〈材料〉（2人份）

馬鈴薯（五月皇后）……… 6小顆
卡門貝爾起司 ………………… 1個
迷迭香……………………… 1枝
A 白醬…………………… 1/2杯
│ 芥末籽…………………… 1大茶匙
│ 鹽、胡椒 ……………… 各少許
│ 沙拉油…………………… 適量

作法 How to make

1

把馬鈴薯的皮洗乾淨，全部劃上刀痕，用廚房專用紙巾把水分擦乾，以放射狀的方向將卡門貝爾起司切成6等分。（可利用免洗筷放置馬鈴薯底部兩側，達到固定效果）

2

把A材料放進調理碗，充分攪拌均勻。

3

把沙拉油（分量另計）塗抹在耐熱容器的內側，放入馬鈴薯，再間隔相等地將卡門貝爾起司放在馬鈴薯之間。

4

淋上作法2的醬汁，放上迷迭香，放進預熱至220度的烤箱烤30分鐘左右。

09

高達起司的香菇奶油濃湯

這道濃郁的香菇濃湯模仿自荷蘭的家常菜 ── 野菇濃湯，會讓人想用麵包沾來吃。
美味的重點在於最後加入的高達起司，令人食指大動的風味。

〈材料〉（2人份）

杏鮑菇	1根	水	1杯
磨菇	3個	西式高湯粉	1/2小茶匙
洋蔥	1/4顆	白醬	1杯
芹菜	8cm	鮮奶油	2大茶匙
高達起司	40g	細葉香芹	適量
奶油	10g		

作法 How to make

1

把杏鮑菇切成3段，再垂直切成薄片。磨菇切成3mm厚的薄片。洋蔥、芹菜切成碎末。高達起司切成1cm的小丁。

2

將奶油放進鍋子裡加熱，將洋蔥末、芹菜末炒到軟。加入杏鮑菇、磨菇拌炒，再加入水、西式高湯粉，以中火煮滾後，再轉小火繼續煮10分鐘。

3

在白醬裡加一點作法2的湯，攪散後，倒進作法2裡，以中火煮滾後，再轉小火繼續煮5分鐘。

4

最後再加入高達起司、鮮奶油，稍微加熱一下，以鹽、胡椒（分量另計）調味，關火，盛入碗中，放上細葉香芹做裝飾。

10 鮮蝦番茄香辣焗烤

在白醬裡加入辣椒粉，做成香辣風味。如果要把蝦子沾上醬汁一起吃，建議選用中間有個大洞的短管麵。

作法 | How to make

1

洋蔥切成5mm寬的薄片，花椰菜撕成小朵，番茄去皮，挖除種籽，切成大塊。

2

蝦子去殼，留下蝦尾，剔除泥腸，洗乾淨，用廚房專用紙巾把水分吸乾，均勻地裹上辣椒粉、胡椒、太白粉。

3

用鍋子煮沸2公升的熱水，加入1大茶匙鹽（分量另計），把花椰菜煮熟，但不要太軟，撈出來備用，再加入少許的沙拉油（分量另計），把短管麵煮熟，用濾杓撈出，並把水分瀝乾。

〈材料〉（2人份）

洋蔥	1/4顆	短管麵	80g
花椰菜	1/8棵	沙拉油	2小茶匙
番茄	1顆	白酒	1大茶匙
蝦	6尾	白醬	1杯
辣椒粉	1/2小茶匙	胡椒	少許
太白粉	1大茶匙	帕馬森起司（起司粉）	2大茶匙

4

將沙拉油倒入平底鍋裡起油鍋，把洋蔥炒到透明，再加入花椰菜、作法2的蝦稍微拌炒一下起鍋。

5

繼續把番茄、白酒、白醬加到平底鍋裡，以中火加熱熬煮，再加入作法4、短管麵拌勻，以鹽、胡椒（分量另計）調味，關火。

6

把奶油（分量另計）塗抹在耐熱容器的內側，加入作法5，均勻地撒上帕馬森起司，放進預熱至200度的烤箱烤10分鐘左右。

11

滿是香菜的紅咖哩焗烤

概念來自亞洲風味的烤咖哩。加入了椰奶和魚露的紅咖哩和白醬構成兩層醬汁，雖然是意外的組合，卻充滿了濃郁的美味。

〈材料〉（2人份）

竹筍	50g	沙拉油	2大茶匙
紅椒	1/4個	椰奶	3/4杯
香菜	適量	魚露	1/2大茶匙
蒜頭、生薑	各1塊	砂糖	1小茶匙
螺旋麵	100g	白醬	3/4杯
紅咖哩醬	1/2包（約25g）	麵包粉	2大茶匙
雞絞肉	300g		

作法 How to make

1

把竹筍、紅椒切成粗末，香菜稍微切段，蒜頭和生薑切成碎末。

2

用鍋子煮沸2公升的熱水，加入1大茶匙鹽和少許沙拉油（兩者的分量皆另計），把螺旋麵煮熟，用濾杓撈起來，瀝乾水分，淋上少許的沙拉油（分量另計）備用。

3

以小火爆香平底鍋裡的沙拉油、蒜頭、生薑，再加入紅咖哩醬，炒到發出香味。

4

依序將雞絞肉、竹筍、紅椒加到作法3裡，以中火拌炒。

5

把椰奶、魚露、砂糖加到作法4裡，炒到水分揮發，逼出紅油為止。

6

再把作法2和作法5放入調理碗拌勻，倒進塗上沙拉油（分量另計）的耐熱容器裡，淋上白醬，撒上麵包粉。

7

放進預熱至200度的烤箱烤10分鐘左右，完成後再放上大量的香菜。

12 烤鮭魚佐蕪菁的
豆漿奶油濃湯

把豆漿和酒糟加到白醬裡，做成濃郁的日式濃湯。先用奶油把鮭魚煎過，美味全都濃縮在裡面，而且耐久煮，不容易散開，是精緻又美觀的一道菜。

〈材料〉（2人份）

日本蕪菁	2顆	低筋麵粉	適量
鴻喜菇	1/2包	水	1杯
大蔥	1/3根	日式高湯	1小茶匙
鮭魚（生魚片用）	1片	酒糟	20g
鹽、胡椒	各少許	白醬	1/2杯
酒	2小茶匙	豆漿	1/2杯
奶油	20g	蔥	2根

作法 How to make

1 日本蕪菁留下1cm左右的莖，削皮，切成4等分。鴻喜菇切除蒂頭，撕成小朵。大蔥斜斜地切成薄片。

2 將鮭魚切成6～8等分，撒上鹽、胡椒、酒，靜置10分鐘，使其入味。把奶油（10g）放進平底鍋裡加熱，鮭魚拍上薄薄的一層低筋麵粉，下鍋油煎，兩面都煎好以後，取出備用。

3 把奶油（10g）放進鍋子裡加熱，炒到大蔥變軟以後再依序加入日本蕪菁、鴻喜菇，稍微炒到全部吃到油即可。加入水、日式高湯，以中火煮到滾，再轉小火，繼續煮10分鐘後關火。

4 用微波爐加熱酒糟10秒左右，使其變軟後，再把白醬、豆漿、酒糟倒進調理碗，充分攪拌均勻。

5 把作法4加到作法3裡攪拌均勻，再加入作法2的鮭魚，以中火加熱，煮滾後轉小火，用鹽、胡椒（分量另計）調味。盛入碗中，最後撒上蔥花。

棕醬篇
Brown source

棕醬經常被用來做為西餐的高湯，
跟用肉及蔬菜製成的焗烤與濃湯非常對味。

13

番茄四季豆肉醬焗烤

重點在於要先把牛豬混合絞肉煎到定型以後再淋上棕醬。
藉此將肉的美味確實地鎖在裡面，美味絕倫的肉醬焗烤就大功告成了。

〈材料〉（2人份）

洋蔥	1/2顆	牛豬混合絞肉	100g
芹菜	6cm	肉豆蔻、鹽、黑胡椒粒	各少許
磨菇	2個	橄欖油	1大茶匙
蒜頭	1瓣	棕醬	1杯
中型番茄	2顆	切達起司	30g
四季豆	8根	麵包粉	2大茶匙
筆管麵	80g		

作法 | How to make

1

把蒜頭、洋蔥、芹菜、磨菇切成
碎末。再把番茄切成1cm的圓
片。用鍋子煮沸2公升的熱水，
加入1大茶匙鹽（分量另計），
稍微把四季豆汆燙一下，用濾杓
撈起來。接著再倒入沙拉油（分
量另計）煮筆管麵，煮好後用濾
杓撈起來，瀝乾水分。

2

將牛豬混合絞肉、肉豆蔻、鹽、
黑胡椒粒放進調理碗裡，用筷子
迅速地攪拌均勻，再整合成一團
備用。

3

先把橄欖油（1/2大茶匙）、切
成碎末的蒜頭放入平底鍋，以小
火爆香，再加入洋蔥、芹菜、
磨菇和鹽，以中火炒10分鐘左
右，取出備用。

4

把剩下的橄欖油倒進作法3的平
底鍋裡，放入絞肉，以大火炒到
絞肉的表面定型，再用木製鍋鏟
把一整塊絞肉攪散，炒到疏鬆。

5

把作法3的蔬菜、棕醬加到作法
4裡，以中火煮5分鐘左右，再
以鹽、胡椒（分量另計）調味。

6

再把作法1的筆管麵加到作法5
裡攪拌均勻。

7

將奶油（分量另計）塗抹在耐熱
容器的內側，倒入作法6，再輪
流鋪上番茄和切成2等分的四季
豆，均勻地撒上切達起司，再撒
麵包粉，放進預熱至200度的烤
箱烤15分鐘左右。

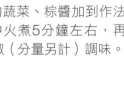

Brown source　Vegetable source

14 烤番茄牛肉濃湯

厚厚的一整塊烤肉，在煎肉的湯汁裡加入磨成泥的洋蔥和紅蘿蔔，煮成香氣四溢的濃湯。只要用剁碎的蔬菜來做，即使短時間也能煮出有如長時間熬煮的風味。

作法　How to make

1

將1/2顆洋蔥切成1.5cm寬的月牙形狀，再把剩下的洋蔥磨成泥。蒜頭、芹菜切成碎末。紅蘿蔔削皮，磨成泥。一整塊牛肉切成兩半，以鹽、胡椒揉搓入味，靜置10分鐘。

2

把沙拉油倒進鍋子裡加熱，為牛肉拍上一層薄薄的低筋麵粉，下油鍋煎到表面呈現金黃色，加入紅酒，一面舀起鍋底的美味醬汁淋在牛肉上，一面把酒精燒至揮發，即可關火。

3

再把沙拉油、蒜頭放進另一個鍋子裡，以小火爆香，加入磨成泥的洋蔥和紅蘿蔔、芹菜、鹽，以中火仔細地拌炒10分鐘左右，小心不要炒到燒焦。

〈材料〉（2人份）

洋蔥	1顆	沙拉油	2大茶匙
芹菜	20cm	紅酒、水	各1/2杯
紅蘿蔔	1/2根	蔬菜醬（紅醬）	1/2杯
蒜頭	1/2瓣	小牛高湯粉	2小茶匙
牛肉塊	400g	月桂葉	1片
（腿肉、梅花肉皆可）		番茄	切成2cm厚的圓片2片
鹽	1/2小茶匙	棕醬	1杯
胡椒	少許	砂糖	1小茶匙
低筋麵粉	適量	豆瓣菜	1把

把作法3、水、蔬菜醬（紅醬）、小牛高湯粉、月桂葉加到作法2裡，以中火煮到滾，再加入切成月牙狀的洋蔥攪拌均勻，轉小火煮1小時左右，煮到牛肉變得軟嫩。

將沙拉油倒進平底鍋裡，將番茄兩面煎。

在棕醬裡加入一點作法4的湯汁，把棕醬攪散，加到作法4裡，以中火煮到滾，轉小火煮10分鐘，加入鹽、胡椒（分量另計）、砂糖調味。盛入碗中，放上作法5和豆瓣菜。

15

牧羊人派

牧羊人派是英國的家常菜，改用馬鈴薯泥來代替派皮。
要烤成令人垂涎欲滴的金黃色，還要把絞肉的水分確實炒乾。

〈材料〉（3～4人份）

洋蔥	1/2顆	蔬菜醬（紅醬）	2大茶匙
蒜頭	1/2瓣	馬鈴薯	2大顆
橄欖油	1大茶匙	奶油	30g
牛絞肉	200g	鮮奶油	2大茶匙
肉豆蔻、鹽、胡椒	各適量	高達起司（磨成粉）	30g
棕醬	3/4杯		

作法　How to make

1

把洋蔥、蒜頭切成碎末。橄
欖油、蒜頭放進平底鍋裡，
以小火爆香，再加入洋蔥，
轉中火，把洋蔥炒軟。

2

將絞肉加到作法1裡，大火
拌炒，加入稍微多一點的肉
豆蔻、鹽、胡椒調味。

3

絞肉炒熟以後，再加入棕
醬、蔬菜醬（紅醬）熬煮，
煮到湯汁收乾以後，就可以
關火。

4

馬鈴薯洗乾淨，用保鮮膜包起來，以微波
爐（600W）加熱5分30秒（500W的微波
爐則要加熱6分鐘），趁熱削皮，放進調理
碗，用搗碎器搗碎。

5

取奶油、鮮奶油、少許鹽加到作法4裡，攪
拌到柔滑細緻、十分均勻為止。

6

把奶油（分量另計）塗抹在耐熱容器的內
側，均勻地鋪滿作法3，再放上作法5的薯
泥，均勻地撒上磨成粉的高達起司，放進預
熱至220度的烤箱烤20分鐘左右。

55

Brown source

16 烤蔬菜蒜味焗烤

以吃沙拉的感覺享用切成大塊的焗烤蔬菜。
用少量的醬汁把蔬菜烤好，藉此帶出蔬菜的清甜。

〈材料〉（2人份）

櫛瓜	1/2條	A	棕醬	3大茶匙
紅椒	1/2個		鮮奶油	3大茶匙
南瓜	1/6個（淨重約200g）	B	麵包粉	2大茶匙
蓮藕	3cm		蒜末	1瓣
鹽	1/2小茶匙		帕馬森起司	1大茶匙
橄欖油	1大茶匙			

作法 How to make

1

把櫛瓜直切成4～6等分，蓮藕切成5mm寬的圓片，紅椒切成2cm寬的小丁，剔除南瓜的種籽和瓜囊，切成1cm寬的月牙形。

2

依序把櫛瓜、紅椒、蓮藕、南瓜排在耐熱容器裡，均勻地撒上鹽，淋上橄欖油。

3

把A材料淋在作法2上，均勻地撒上混合攪拌均勻的B材料，放進預熱至220度的烤箱烤10分鐘左右。

17 帶骨雞肉與牛肝菌的棕醬濃湯

使用了帶骨雞肉的濃湯美味不會流失，重點在於加入醬汁以前要先仔細地把浮沫撈掉。
牛肝菌和風乾番茄十分對味，再加上葡萄酒，做成成熟的風味。

〈材料〉（2人份）

紅蔥頭	1個	低筋麵粉	適量
舞菇	1/2包	橄欖油	1大茶匙
風乾番茄	1片	紅酒	1/4杯
牛肝菌	10g	法國香草束	適量
水	1又1/2杯	西式高湯粉	2小茶匙
蒜頭	1/2瓣	棕醬	1杯
切成大塊的帶骨雞腿肉	200g	蝦夷蔥	適量
鹽、胡椒	各少許		

作法 | How to make

1

切除蒜頭芽，用菜刀拍扁。紅蔥頭切成碎末、舞菇撕成小朵。風乾番茄浸泡在少量的水裡，泡軟後切成碎末。牛肝菌泡水，泡過的水請留下來備用，擰乾牛肝菌的水分，切成細絲。

2

用鹽、胡椒揉搓帶骨的雞腿肉，靜置10分鐘，使其入味，要煎以前再拍上薄薄的一層低筋麵粉。把橄欖油（1/2大茶匙）倒進鍋子裡加熱，加入雞腿肉，煎到兩面都呈現金黃色，再加入紅酒，把酒精燒至揮發，連同湯汁倒進調理碗裡備用。

3

把橄欖油（1/2大茶匙）倒進鍋子裡，小火爆香蒜頭後，再加入紅蔥頭、風乾番茄，以中火炒到軟。

4

舞菇加到作法3裡，稍微拌炒一下，讓所有的舞菇都吃到油，再加入作法2的雞腿肉、切成細絲的牛肝菌及泡過牛肝菌的水、法國香草束、西式高湯粉，開中火煮滾後轉小火，撈除浮沫，蓋上鍋蓋，煮15分鐘。

5

在棕醬裡加入一點作法4的湯汁，把棕醬攪散，再加到作法4裡，攪拌均勻，蓋上鍋蓋，中火繼續煮10分鐘左右，以鹽、胡椒（分量另計）調味。盛入碗中，最後，撒上蝦夷蔥。

Brown source

18 九條蔥牛筋焗烤

在棕醬裡加入八丁味噌，將蔥和牛筋融合成日式風味。
只要細心地撈除浮沫，就能消除牛筋的油脂和腥味，讓美味的程度更上一層樓。

〈材料〉（3～4人份）

牛筋	150g	八丁味噌	1大茶匙
牛蒡	1/4根	砂糖	1小茶匙
紅蘿蔔	1/4根	棕醬	1杯
蒟蒻	1/2片	莫札瑞拉起司	1/2個
九條蔥	2根	A 高湯	1杯
日本蕪菁	2顆	酒	1/2杯

作法 How to make

1

煮一大鍋熱水，放入洗乾淨的牛筋，邊撈除浮沫，邊煮15分鐘。請先用清水沖洗牛筋，切成便於入口的大小。

2

把水、作法1的牛筋放進鍋子裡加熱，煮滾後再轉小火，邊撈除浮沫邊煮1小時30分鐘左右，把牛筋煮軟。

3

用鬃刷把牛蒡的皮刷掉，搓洗乾淨，斜斜地切成薄片，浸泡在醋水裡去除澀味。以滾刀塊把紅蘿蔔切成一口大小，用手把蒟蒻撕開，以汆燙的方式去除澀味。把九條蔥切成蔥花。日本蕪菁留下2cm左右的莖，削皮，切成4等分，汆燙備用，不要煮太軟。

4

把A材料、牛筋、紅蘿蔔、牛蒡、蒟蒻放進鍋子裡，煮滾後轉小火，蓋上內蓋加熱，把料煮熟以後，再加入八丁味噌、砂糖、棕醬，以小火繼續煮10分鐘左右。

5

把奶油（分量另計）塗抹在耐熱容器的內側，加入日本蕪菁和作法4，放上莫札瑞拉起司，放進預熱至200度的烤箱烤10分鐘，最後再撒上滿滿的九條蔥。

Brown source

19

蓮藕肉丸濃湯

把磨成泥的蓮藕和切成碎末的蓮藕加到豬絞肉裡捏成肉丸子，可以同時享受到彈牙和清脆的口感，非常迷人。把牛奶加到棕醬裡，做成奶香味十足，小朋友也會喜歡的濃湯。

〈材料〉（2人份）

蓮藕	100g	沙拉油	1/2大茶匙
牛蒡	10cm	水	1杯
紅蘿蔔	4cm	高湯塊	1/2個
白菜	1片	棕醬	1杯
豬絞肉	100g	牛奶	1杯
鹽、胡椒、肉豆蔻	各少許	黑胡椒粒	適量
太白粉	1大茶匙		

作法 | How to make

1

蓮藕削皮，一半切成碎末，一半磨成泥。用鬃刷把牛蒡的皮刷掉，搓洗乾淨。紅蘿蔔削皮。各自切成4cm的長度，再切成薄片，然後再切成5mm寬。把白菜切成長4cm、寬1cm的條狀。

2

把豬絞肉放入調理碗中，加入鹽、胡椒、肉豆蔻，揉捏到出現黏性，再加入磨成泥的蓮藕，混合攪拌均勻，加入太白粉、切成碎末的蓮藕，混合攪拌均勻，分成6等分，揉成圓形的球狀。

3

將沙拉油倒進鍋子裡加熱，依序將牛蒡、紅蘿蔔、白菜稍微拌炒一下，加入水、高湯塊，以中火煮滾後，再加入肉丸子繼續熬煮，煮到再次沸騰，撈除浮沫，轉小火再煮10分鐘。

4

用牛奶把棕醬攪散，再加到作法3裡，開中火煮到沸騰，再轉小火煮5分鐘，以鹽、胡椒（分量另計）調味。盛入碗中，撒上黑胡椒粒。

20 豬肩胛肉玉米薄餅墨西哥焗烤

不使用義大利麵,而是把醬汁和餡料放在酥酥脆脆的玉米薄餅上。
這道焗烤十分下酒,萵苣的清脆口感也很吸引人。

〈材料〉(2人份)

豬肩胛肉(一整塊)⋯⋯⋯⋯⋯ 200g		辣椒粉⋯⋯⋯⋯⋯⋯⋯⋯⋯⋯ 1大茶匙	
洋蔥⋯⋯⋯⋯⋯⋯⋯⋯⋯⋯⋯⋯⋯ 1顆		棕醬⋯⋯⋯⋯⋯⋯⋯⋯⋯⋯⋯ 1又1/2杯	
蒜頭⋯⋯⋯⋯⋯⋯⋯⋯⋯⋯⋯⋯⋯ 1瓣		伍斯特辣醬⋯⋯⋯⋯⋯⋯⋯⋯ 2小茶匙	
萵苣⋯⋯⋯⋯⋯⋯⋯⋯⋯⋯⋯⋯ 適量		低筋麵粉⋯⋯⋯⋯⋯⋯⋯⋯⋯⋯ 適量	
中型番茄⋯⋯⋯⋯⋯⋯⋯⋯⋯⋯ 1顆		玉米薄餅(原味)⋯⋯⋯⋯⋯⋯ 適量	
橄欖油⋯⋯⋯⋯⋯⋯⋯⋯⋯⋯ 2大茶匙		起司絲⋯⋯⋯⋯⋯⋯⋯⋯⋯⋯⋯ 40g	
水煮紅腎豆罐頭⋯⋯⋯⋯⋯⋯ 100g			

作法 | How to make

1

把豬肩胛肉切成1cm的小丁，撒上鹽、胡椒。下鍋前再均勻地拍上一層薄薄的低筋麵粉。

2

洋蔥切成3mm寬的薄片，蒜頭切成碎末，萵苣切成5mm寬的細絲，番茄切成5mm的小丁。

3

把橄欖油、蒜頭放進鍋子裡，以小火爆香後，加入作法1的豬肉，轉大火炒到表面呈現金黃色，加入洋蔥炒軟，再加入紅腎豆和辣椒粉，攪拌均勻。

4

將棕醬加到作法3裡，以中火煮滾後再轉小火繼續煮5～6分鐘左右，把水分燒乾。加入伍斯特辣醬、鹽、胡椒（分量另計）調味。

5

在耐熱容器裡鋪滿玉米薄餅，把作法4放上去，撒上起司絲，放進預熱至200度的烤箱烤10分鐘左右。

6

最後再放上萵苣、番茄當作裝飾。

21 燙青菜棕醬濃湯

Brown source

以八丁味噌為基底，滿是大塊蔬菜的日式濃湯。
把燙青菜沾上醬汁來吃的新風味濃湯，既健康又分量十足。

〈材料〉（3～4人份）

蓮藕	50g	酒	2大茶匙
黃椒	1/4個	水	1/2杯
櫛瓜	1/3條	高湯	1杯
南瓜	2cm小丁6塊（淨重約100g）	八丁味噌	20g
四季豆	2根	棕醬	1/2杯
小番茄	4顆	雪花麩	6個

作法 | How to make

1

蓮藕去皮，切成1cm厚的扇形，黃椒、櫛瓜、南瓜切成2cm的小丁，四季豆切成4等分。小番茄過一下熱水，把皮剝掉，再對半切開。

2

先把作法1除了小番茄以外的蔬菜放進鍋子裡，加入酒和水，以中火煮滾後再轉小火，蒸煮蔬菜，煮好後再取出蔬菜，把蒸煮蔬菜的湯汁留在鍋子裡。將高湯加到鍋子裡，以大火煮到沸騰再關火。

3

八丁味噌倒進調理碗，加入一點作法2的高湯，把八丁味噌攪散，再加入棕醬，充分攪拌均勻後，倒回作法2的鍋子裡，充分攪拌均勻，以中火煮到將滾未滾的狀態再轉小火，繼續煮5分鐘。

4

將沙拉油（分量另計）塗在雪花麩上，用烤吐司的小烤箱烤到酥酥脆脆，變成金黃色以後，切成4等分。

5

把作法2的蔬菜、小番茄盛入碗中，倒入作法3的濃湯，再放上作法4的烤麩做裝飾。

蔬菜醬篇
Vegetable source

以番茄為基底的紅醬具有酸酸甜甜的風味，與肉及蔬菜都很對味；用日本油菜製成濃稠的青醬，不管跟什麼食材都很搭。

22 高野豆腐味噌奶油焗烤

以高野豆腐為主角的無麩質健康焗烤。用白味噌為青醬增添風味，做成分量十足的一道菜。讓高野豆腐吸飽高湯，與食材融為一體，將會更加入味。

〈材料〉（2人份）

高野豆腐	2塊
白高湯	1/2杯
雞胸肉	2片
香菇	2朵
竹筍	40g
大蔥	1/2根
沙拉油	1大茶匙
酒	1大茶匙
鹽、胡椒	各少許
起司絲	40g
切碎的海苔	適量
A 蔬菜醬（青醬）	1杯
豆漿	1/2杯
白味噌	1大茶匙

作法 | How to make

1

稍微用水洗一下高野豆腐，浸泡在加熱至人體溫度的白高湯裡，泡漲以後再把豆腐稍微擰乾湯汁，切成1.5cm的小丁。

2

雞胸肉去筋、切片。切除香菇的蒂頭，切成薄片。竹筍切成3mm厚的條狀。斜斜地把大蔥切成2mm厚的薄片。

3

把沙拉油倒進平底鍋裡，起油鍋，依序加入大蔥、竹筍、雞胸肉、香菇拌炒，倒入酒，讓酒精揮發後，再以鹽、胡椒調味。

4

把食材炒熟後，加入作法1的高野豆腐、A材料、浸泡過高野豆腐的白高湯，攪拌均勻，以中火煮滾後，再轉小火煮5分鐘。

5

把奶油（分量另計）塗抹在耐熱容器裡，加入作法4，撒上起司絲，放進預熱至200度的烤箱烤10分鐘左右。完成後再撒上切碎的海苔。

23

萵苣義大利培根蔬菜濃湯
附水波蛋

萵苣的清脆口感與入口即化的水波蛋組成充滿魅力又健康的濃湯。
重點在於加入萵苣後不要煮太久。

〈材料〉（2人份）

義大利培根 ····················· 100g
蔬菜醬（青醬）··········· 1又1/2杯
牛奶 ····························· 1杯
小牛高湯粉 ·············· 1/2小茶匙
萵苣 ························ 1/4顆
蛋 ································ 2個
醋 ····························· 2大茶匙
鹽 ························ 1/2小茶匙

作法 How to make

1

把義大利培根切成1cm寬，
放進熱過的鍋子裡煎到變成
金黃色，再以廚房專用紙巾
拭去鍋子裡多餘的油脂。

2

蔬菜醬（青醬）與牛奶混合
攪拌均勻加到作法1裡，再
加入小牛高湯粉，開中火加
熱。

3

煮滾後轉小火再煮5分鐘，
加入萵苣，把萵苣煮熱後，
以鹽、胡椒（分量另計）調
味，關火。

4

把500ml的水倒進鍋子裡煮沸，加入醋和
鹽，轉小火，輕輕地把蛋放進去，火開大一
點，讓蛋白集中，加熱2～3分鐘關火，蓋上
鍋蓋蒸1～2分鐘。煮到蛋白凝固後，用濾杓
把蛋撈起來。

5

將作法4放在廚房專用紙巾上，吸乾水分。
再把作法3盛入碗中，放上水波蛋。

Vegetable source

24 櫻花蝦年糕湯焗烤

可以品嘗煮到軟爛、食材十分入味的焗烤年糕湯。
櫻花蝦會變成美味的高湯,讓蔬菜醬呈現清爽溫和的風味,非常下飯。

〈材料〉（2人份）

年糕⋯⋯⋯⋯⋯⋯⋯⋯4片
生薑⋯⋯⋯⋯⋯⋯⋯⋯1塊
白菜⋯⋯⋯⋯⋯⋯⋯⋯ 1片
麻油⋯⋯⋯⋯⋯⋯⋯ 2大茶匙
切成圓片的辣椒 ⋯⋯ 1/2根
切成碎末的榨菜 ⋯⋯ 1大茶匙
櫻花蝦⋯⋯⋯⋯⋯⋯⋯30g
太白粉水 ⋯⋯⋯⋯⋯⋯ 適量
（40ml水：2小茶匙太白粉）

A 蔬菜醬（青醬）⋯⋯⋯ 1杯
　水 ⋯⋯⋯⋯⋯⋯⋯1又1/2杯
　酒 ⋯⋯⋯⋯⋯⋯⋯ 1大茶匙
　醬油 ⋯⋯⋯⋯⋯⋯ 1大茶匙
B 帕馬森起司 ⋯⋯⋯⋯ 1大茶匙
　白芝麻粉 ⋯⋯⋯⋯⋯ 1大茶匙

作法 | How to make

1

每片年糕都切成4等分。把生薑、白菜切碎。

2

麻油、生薑、辣椒放進平底鍋裡，以小火爆香，依序加入切成碎末的榨菜、白菜、櫻花蝦，大火快炒。

3

將A材料加到作法2裡，以大火煮滾，轉小火，加入太白粉水勾芡。

4

把作法1的年糕放在耐熱容器裡，倒入作法3，再撒上混合攪拌均勻的B材料，放進預熱至200度的烤箱烤15分鐘左右。

25 綠色蔬菜
鯷魚焗烤

把加入了鯷魚的醬汁淋在口感清脆的蔬菜上做成烤蔬菜焗烤。
只要把切好的蔬菜擺好,淋上醬汁即可,步驟非常簡單,卻具
有用來招待客人也不會丟臉的豐盛外觀。

〈材料〉（2人份）

蘆筍	2根	酸豆	10粒
秋葵	6根	橄欖油	2大茶匙
芹菜	1/4根	粉紅胡椒	適量
櫛瓜	1/2條	A 蔬菜醬（青醬）	3大茶匙
去骨鯷魚	4片	美乃滋	3大茶匙

作法 How to make

1 把蘆筍的根部切掉1cm，用削皮刀把下面的皮削掉，斜斜地切成4等分。秋葵在砧板上滾一滾，切除比較硬的蒂頭，斜斜地切成2等分。芹菜去絲，切成一口大小的滾刀塊。櫛瓜橫切成2等分，再垂直切成4等分。

2 將作法1、切成碎末的鯷魚片、酸豆、橄欖油放進調理碗，混合攪拌均勻。

3 把作法2倒進耐熱容器裡。

4 從斜線的方向把A材料的醬汁淋在作法3上，放進預熱至200度的烤箱烤20分鐘左右。完成後再撒上粉紅胡椒。

26 牛腱甜菜俄羅斯濃湯

以俄羅斯特產的牛肉濃湯「羅宋湯」為概念製作的濃湯。使用番茄為基底，加入甜菜和牛肉，最後再加入脫水優格，增添淡淡的酸味。

〈材料〉（2人份）

牛腱肉（咖哩用）……………… 300g	高麗菜……………4cm寬的月牙形
橄欖油…………………… 1/2大茶匙	蔬菜醬（紅醬）………………… 1杯
蒜頭…………………………… 1瓣	脫水優格………………… 2大茶匙
月桂葉………………………… 1片	A 鹽………………… 1/4小茶匙
水煮甜菜罐頭……………… 100g	胡椒………………………… 少許
（事先留下2大茶匙湯汁備用）	B 水………………………… 1又1/2杯
洋蔥………………………… 1/2顆	高湯塊…………………… 1個
紅蘿蔔……………………… 1/3根	紅酒………………………… 1/2杯
馬鈴薯………………………… 1顆	

作法 How to make

1

把A材料揉進牛腱肉裡，靜置10分鐘，使其入味。把橄欖油倒進鍋子裡起油鍋，加入牛腱肉，以中強火煎到整個表面呈現金黃色。

2

將B材料、用菜刀拍碎的蒜頭、月桂葉放進作法1裡，煮到沸騰，蓋上鍋蓋，轉小火，煮1小時左右，煮到竹籤可以輕鬆刺穿牛肉即可。

3

甜菜切成1cm厚的圓片，洋蔥切成4等分的月牙形。紅蘿蔔、馬鈴薯削皮，切成比較大塊的滾刀塊。高麗菜切成2等分。馬鈴薯沖水備用。

4

把作法3和2大茶匙的罐頭甜菜湯汁、蔬菜醬（紅醬）加到作法2裡，以中火煮滾，撈除浮沫，蓋上鍋蓋，繼續煮15分鐘左右，把蔬菜煮軟，加入鹽、胡椒（分量另計）調味。

5

先把食材盛入碗中，注入濃湯，再加上脫水優格。

27 奶油干貝青花菜舒芙蕾焗烤

放上蛋白霜下去烤的舒芙蕾焗烤。藉由把美乃滋加到蛋白霜裡，可以保留膨鬆綿密的口感。

〈材料〉（2人份）

青花菜	1/4棵
干貝	6小個
沙拉油	適量
奶油	10g
蛋白	1個
鹽	少許
美乃滋	4大茶匙
百里香	少許
A 蔬菜醬（青醬）	1/4杯
鮮奶油	1大茶匙
蛋黃	1個
鹽	少許

作法 | How to make

1

把青花菜撕成小朵，用鹽水
汆燙，不要煮得太軟，加入
A材料的醬汁拌勻備用。

2

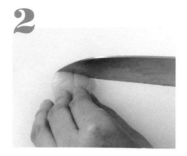

為干貝的其中一面淺淺地劃
上格子狀的刀痕。

3

將沙拉油、奶油倒進平底鍋
裡加熱，煮到奶油融化，把
干貝畫有刀痕的那一面朝
下，放進平底鍋裡，兩面各
煎1分鐘後取出備用。

4

先把奶油（分量另計）塗抹在耐熱容器裡，
鋪滿作法1的青花菜，再把作法3放在上頭。

5

把鹽加到蛋白裡，打發到可以拉出直立的尖
角即可。

6

美乃滋放入另一個調理碗，加入1/3的作法
5，混合攪拌均勻，再加入剩下的作法5，攪
拌均勻，小心不要攪到消泡。

7

把作法6加到作法4裡，放進預熱至220度的
烤箱烤8分鐘左右，再放上百里香做裝飾。

28 西西里風
櫛瓜鮪魚濃湯

義大利風味的濃湯，用來當義大利麵的醬汁也很好吃。櫛瓜煮過會縮水，所以重點在於要切得大塊一點。

〈材料〉（3～4人份）

洋蔥	1/2顆	水	2杯
櫛瓜	1條	高湯塊	1個
番茄	1小顆	酸豆	1/2大茶匙
蒜頭	1瓣	黑橄欖（無籽）	8顆
奶油	10g	蔬菜醬（青醬）	1杯
麵包粉	2大茶匙	砂糖	1/2小茶匙
橄欖油	1/2大茶匙	A 白酒	1/4杯
鮪魚罐頭	1小罐	白酒醋	1大茶匙

作法　How to make

1 先把洋蔥切成2cm的小丁，櫛瓜切成1cm厚的圓片，蒜頭切成碎末。再把番茄浸泡在熱水裡，撕去外皮，取出種籽，切成滾刀塊。

2 讓奶油融化在平底鍋裡，加入麵包粉，炒到變成金黃色即可。

3 把橄欖油、蒜頭倒進另一個鍋子裡，以小火爆香。加入瀝乾油分的罐頭鮪魚，以中火稍微拌炒一下，再加入洋蔥、櫛瓜拌炒，炒到蔬菜全部吃到油以後，加入A材料，炒到酒精揮發。

4 將番茄、水、高湯塊加到作法3裡，開大火煮滾後，再轉小火繼續煮10分鐘。

5 以適量作法4的湯汁把蔬菜醬（青醬）攪散後，和酸豆、黑橄欖一起加到作法4裡，以中火煮滾後，再轉小火，加入鹽、胡椒（分量另計）、砂糖調味。盛入碗中，撒上作法2的麵包粉。

29 雞肉酪梨異國風味焗烤

將咖哩粉加到蔬菜醬裡做成特製的異國風味醬汁，把煎得酥酥脆脆的雞腿肉醃漬入味再放進烤箱裡，是短時間就能烤到入味的祕訣。

〈材料〉（2人份）

雞腿肉……………… 1片（約300g）
鹽、胡椒 ………………… 各少許
白酒………………………… 1大茶匙
酪梨………………………………1個
橄欖油……………………… 1大茶匙
小茴香籽…………………………少許
茅屋起司………………………… 40g

A 蔬菜醬（青醬）………… 4大茶匙
原味優格 ……………… 2大茶匙
咖哩粉……………………… 1大茶匙
薑泥…………………………… 1/2塊
蒜泥…………………………… 1/2瓣

作法　How to make

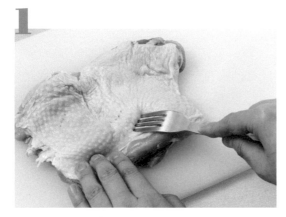

使用叉子在雞腿肉表面戳洞，切成4等分，撒上鹽、胡椒、白酒，靜置10分鐘，等待其入味。

酪梨切成兩半，去籽、削皮，垂直切成2cm寬。把橄欖油倒進平底鍋裡起油鍋，將作法1的雞腿肉皮朝下放入鍋中，煎到呈現金黃色以後，再翻過來煎另一面。

把A材料倒入調理碗中，充分攪拌均勻，再加入煎好的作法3，醃漬10分鐘左右。

把橄欖油（分量另計）塗抹在耐熱容器裡，連同醬汁倒入作法3。把酪梨放在雞肉之間，撒上小茴香籽、茅屋起司，放進預熱至220度的烤箱烤20分鐘左右。

30 鮮蝦奶油濃湯

只要有帶殼的蝦和蔬菜醬，就能輕鬆做出道地的奶油濃湯。重點在於要仔細地把蝦殼炒香，方能消除腥味，確實地將美味濃縮在湯裡。

〈材料〉（2人份）

蝦······························· 250～300g
（有蝦頭、蝦殼的整尾蝦子）
洋蔥····························· 1/8顆
芹菜······························· 8cm
紅蘿蔔····························· 1/4根
奶油······························· 20g
蒜末····························· 1小茶匙
薑末····························· 1小茶匙

白酒····························· 1大茶匙
水································· 2杯
蔬菜醬（紅醬）··················· 1杯
牛奶····························· 1/4杯
鮮奶油··························· 2大茶匙
鹽································· 少許
蒔蘿····························· 適量
法國麵包片（烤過的麵包片）······ 2片

作法 | How to make

1

蝦子去頭、剝殼，2尾裝飾用的蝦子留
下尾巴，其餘的蝦則把身體和尾巴分
離，摘除鬚、腳。把蝦頭、蝦殼、蝦尾
放進平底鍋，以中火仔細地乾煎到發出
香味，小心不要燒焦。

2

把洋蔥、芹菜、紅蘿蔔全部切碎。

3

用另一個平底鍋加熱奶油（10g），加
入裹上薄薄一層低筋麵粉（分量另計）
的蝦子（也包含裝飾用的蝦子），把表
面煎成金黃色再拿出來備用。

4

把奶油（10g）放進作法3的平底鍋，
加入蒜末和薑末，以小火爆香，再加入
洋蔥、紅蘿蔔、芹菜、鹽，以中火把洋
蔥、紅蘿蔔、芹菜炒軟。

5

將作法4加到作法1裡，稍微拌炒，再
加入白酒，以中火拌炒，小心不要搗
碎食材，慢慢地把酒精燒到揮發。

6

將水、蔬菜醬（紅醬）加到作法5裡攪拌
均勻，以中火煮滾後，蓋上鍋蓋，再轉小
火繼續煮20分鐘。

7

用食物調理機把作法6打碎，再以篩子
過濾。

8

把作法7的湯倒回鍋子裡，加入牛奶、
蝦子加熱，最後再加入鮮奶油，以鹽、
胡椒（分量另計）調味。把湯盛入碗
中，放上裝飾用的蝦子，再放上蒔蘿、
烤過的法國麵包片。

31 西班牙香腸茄子
莎莎醬焗烤

用蔬菜醬（青醬）和辣椒醬做成香辣夠勁的味道。事先用鹽和橄欖油為鋪在底部的庫
司庫司（Couscous）調味，就能讓庫司庫司充分地吸附醬汁和食材。

〈材料〉（3～4人份）

茄子	2條	砂糖	1/2小茶匙
洋蔥	1/2顆	切達起司	40g
西班牙香腸	4根	麵包粉（細）	2大茶匙
庫司庫司	100g	A 蔬菜醬（青醬）	1又1/2杯
橄欖油、鹽（庫司庫司用）	各少許	辣椒醬	1大茶匙
熱水	80ml	檸檬汁	1大茶匙
橄欖油	1大茶匙		

作法 How to make

1

把茄子切成2cm小丁，洋蔥切成3mm寬薄片，西班牙香腸斜斜地切成2cm寬薄片。

2

將庫司庫司、橄欖油、鹽加到調理碗裡拌勻，倒入熱水攪拌一下，罩上保鮮膜悶10分鐘。等到庫司庫司吸收水分膨脹以後再撥鬆備用。

3

橄欖油倒進平底鍋裡，依序加入洋蔥、茄子、西班牙香腸拌炒，再以鹽、胡椒（分量另計）調味。

4

先把A材料加到作法3裡，開大火煮滾以後，再轉中火繼續煮5分鐘，以砂糖、鹽、胡椒（分量另計）調味。

5

把奶油（分量另計）塗抹在耐熱容器的內側，鋪滿作法2的庫司庫司，淋上作法4，再放上切達起司，撒上麵包粉，放進預熱至200度的烤箱烤10分鐘左右。

32 五種蔬菜和
生薑的冷湯

放上小黃瓜及蘘荷等口感絕佳的生菜，吃起來就像沙拉的濃湯。
淋在白飯上以茶泡飯的感覺來吃也很美味。

〈材料〉（4人份）

小黃瓜	1/2條	高湯	3/4杯
蘘荷	2顆	薑泥	2小茶匙
紅蘿蔔	1/4根	A 蔬菜醬（青醬）	1杯
水菜	1把	醬油	2小茶匙
大蔥	1/4根	B 麻油	2小茶匙
茄子	2條	鹽	1/4小茶匙
沙拉油	1大茶匙	白芝麻	2小茶匙
薑末	1小茶匙		

作法　How to make

1　把小黃瓜、蘘荷、紅蘿蔔切成細絲。水菜把莖的部分切成3cm長，葉子的部分也切成3cm長。把大蔥的蔥白部分順著纖維切成細絲，全都泡一下冰水。茄子切除蒂頭，用削皮刀把皮削掉，切成5～6等分的塊狀。把大蔥的中段切成碎末。

2　沙拉油、薑末和蔥末放進平底鍋，開小火爆香。再加入茄子，轉中火把茄子炒到軟，加入高湯，煮到滾，再蓋上鍋蓋，以小火繼續煮5分鐘，從鍋子裡取出，放涼備用。

3　將作法2、A材料放進食物調理機，打到柔滑細緻為止，以鹽（分量另計）調味，放進冰箱裡冷藏。

4　用濾杓把泡在冰水裡的作法1撈出來，瀝乾水分，倒進調理碗，與B材料混合攪拌均勻備用。

5　先把作法3盛入碗中，將作法4集中放在中央，再附上薑泥。

33

一整條茄子的
柚子胡椒起司焗烤

這是把肉質扎實的米茄子皮當成容器做的焗烤。味道清淡爽口、口感濃郁溫和的莫札瑞拉起司和柚子胡椒可以說是天作之合。與香甜多汁的茄子十分對味。

〈材料〉（2人份）

米茄子……………………… 1個
四季豆……………………… 2根
大蔥………………………… 1/4根
莫札瑞拉起司……………… 1/2個
沙拉油……………………… 3大茶匙
柚子胡椒…………………… 1小茶匙

A 蔬菜醬（紅醬）………… 4大茶匙
　醬油……………………… 1大茶匙
　味酥……………………… 1大茶匙

作法　How to make

1 先把米茄子切成兩半。用鹽水稍微把四季豆汆燙一下，切成1cm的長度。斜斜地把大蔥切成薄片，再把莫札瑞拉起司切成5mm的小丁。

2 把沙拉油（2大茶匙）放進平底鍋裡起油鍋，將茄子的切面朝下，煎好翻面，煎到整個茄子都吃到油以後，再用菜刀把茄子肉挖出來，切成1.5cm的小丁。

3 將沙拉油（1大茶匙）放進作法2的平底鍋裡起油鍋，加入大蔥、柚子胡椒，迅速地拌炒一下。

4 把A的材料倒進調理碗，充分攪拌均勻，再加入作法2、四季豆、莫札瑞拉起司，攪拌均勻。

5 以茄子為容器，倒入作法4，放進預熱至200度的烤箱烤15分鐘左右。

34 沙丁魚羅勒番茄焗烤

把皮烤得酥酥脆脆的沙丁魚再加上羅勒、莫札瑞拉起司，
做成義大利風味的焗烤。重點在於沙丁魚下鍋前
要先拍上一層薄薄的低筋麵粉。多花點
時間煎，就能利用沙丁魚的水分
做得濕潤又好吃。

〈材料〉（2人份）

沙丁魚 ················· 4尾
橄欖油 ················· 1大茶匙
蒜頭 ················· 1瓣
切成圓片的辣椒 ················· 1根
低筋麵粉 ················· 適量
九層塔 ················· 2枝
（事先取下幾片裝飾用的葉子備用）

莫札瑞拉起司 ················· 1個
麵包粉 ················· 2大茶匙
A 蔬菜醬（紅醬）················· 1杯
　 義大利酒醋 ················· 1大茶匙
　 砂糖 ················· 1小茶匙

作法 | How to make

1

切下沙丁魚的頭，取出內臟，兩面稍微撒點鹽（分量另計），靜置10分鐘後，再以廚房專用紙巾擦乾多餘的水分。

2

把橄欖油、切成碎末的蒜頭、辣椒放入平底鍋，以小火爆香，再放入拍上薄薄一層低筋麵粉的沙丁魚，轉大火，將兩面煎成漂亮的金黃色即可。

3

將A材料、撕碎的九層塔放進作法2裡，開大火煮滾後，再轉小火，以鹽、胡椒（分量另用）調味，關火。

4

將奶油（分量另計）塗抹在耐熱容器的內側，放入作法3的醬汁、沙丁魚排好。

5

均勻地放上撕碎的莫札瑞拉起司，再撒上麵包粉，放進預熱至200度的烤箱烤15分鐘左右，最後再以九層塔做裝飾。

35

墨西哥雞肉藜麥濃湯

把超級食物 —— 藜麥加到事先以香料調味的墨西哥風味雞肉裡做成濃湯。
品嚐以前不妨再擠點萊姆汁，享受清淡爽口的風味。

〈材料〉（2～3人份）

雞腿肉…………………1片（約300g）	A 辣椒粉………………………1小茶匙
洋蔥…………………………1/4顆	卡宴辣椒粉…………1/2小茶匙
芹菜…………………………10cm	鹽、胡椒………………各少許
酪梨…………………………1/2個	蒜泥………………………1小茶匙
橄欖油………………………1大茶匙	B 水……………………………1杯
切成圓片的辣椒………………1/2根	蔬菜醬（紅醬）………1又1/2杯
藜麥………………………3大茶匙	雞湯塊……………………1個
香菜…………………………適量	
萊姆…………………………1/2個	

作法 How to make

1

把雞腿肉切成一口大小，裝進袋子裡，加入A材料，充分揉搓，靜置10分鐘，使其入味。再把洋蔥、芹菜切碎。酪梨削皮，去籽，切成1cm寬。

2

先把橄欖油、辣椒放進鍋子裡，以小火爆香，加入洋蔥、芹菜，轉中火炒到軟，再加入雞腿肉，把表面煎成金黃色。

3

將B材料、藜麥加到作法2裡，開大火煮滾後，蓋上鍋蓋，轉小火繼續煮15分鐘左右。

4

把酪梨加到作法3裡，關火。盛入碗中，撒上香菜和萊姆汁。

〈材料〉（4人份）
使用W17×D7.5×H6cm的磅蛋糕模型

豬絞肉	200g
高麗菜	6片
中型番茄	2顆
起司絲	40g
麵包粉（細）	2大茶匙
A 肉豆蔻、鹽、胡椒	各少許
打散的蛋液	1個
麵包粉	50g
牛奶	3大茶匙
B 蔬菜醬（紅醬）	1杯
伍斯特辣醬	1大茶匙
番茄醬	2大茶匙

Vegetable source

36 豬肉高麗菜
千層焗烤

由肉餡和高麗菜層層疊疊交織而成的焗烤，先用蛋糕模型塑型後，再移到焗烤盤裡。
這麼一來就能維持形狀，可以烤得很漂亮。

作法 How to make

1

把豬絞肉放進調理碗，依序加入A材料，充分揉捏。

2

用鹽水汆燙高麗菜，但不要煮得太軟，放涼備用。把中型番茄切成5mm寬的圓片備用。

3

將保鮮膜鋪在磅蛋糕模型等四方形的容器裡，並鋪上高麗菜。

4

依序把一半的作法1、番茄、高麗菜重疊上去，重複以上的動作，最後再蓋上一片高麗菜。

5

把奶油（分量另計）塗抹在耐熱容器的內側，並從模型裡取出作法4，放入耐熱容器中。

6

淋上混合攪拌均勻的B醬汁，把起司絲撒在最上層，再撒上麵包粉。放進預熱至250度的烤箱烤20分鐘左右。用竹籤戳戳看，只要能流出透明的肉汁即是大功告成了。

37

帶骨雞肉麥片
韓式藥膳濃湯

用雞翅膀及蔬菜醬簡單地做出韓國的靈魂食物「蔘雞湯」的變化版。以富含
維生素及膳食纖維的麥片來代替白米，做成健康養生的一碗湯。

〈材料〉（2人份）

雞翅膀……………………………4隻
鹽、胡椒……………………各少許
大蔥………………………… 1/2根
（其中4cm要順著纖維切成細絲）
生薑…………………………… 1塊
蒜頭…………………………… 1瓣
紅棗…………………………… 1顆
枸杞…………………………… 8粒
麥片………………………… 50g
水……………………………… 3杯
蔬菜醬（青醬）…………… 2杯
辣椒絲……………………… 適量

作法 | How to make

1

用清水沖洗雞翅膀，以廚房專用紙巾把水分
擦乾，在骨頭和雞肉之間劃一刀，撒上鹽、
胡椒調味。

2

把4cm的大蔥順著纖維切成細絲，泡水備
用。再把剩下的大蔥切成3等分，接著將生
薑連皮切成薄片。蒜頭拍碎，紅棗泡水，再
對半切開。

3

將作法1、切成長段的大蔥、生薑、蒜頭、
紅棗、枸杞、麥片、水加到鍋子裡，開大火
煮到沸騰後，撈除浮沫，再蓋上鍋蓋，繼續
煮30分鐘左右，把雞翅膀煮熟。取出大蔥
後，加入蔬菜醬（青醬），轉中火繼續煮10
分鐘，以鹽、胡椒（分量另計）調味。將其
盛入碗中，撒上順著纖維切成細絲的蔥白、
辣椒絲。

38 螃蟹酪梨番茄奶油焗烤

這是把白醬與蔬菜醬（紅醬）層層相疊下去烤的焗烤。
加入酪梨的白醬奶香味十足，與酸酸甜甜的紅醬非常對味。

White&
Vegetable
source
白醬&
蔬菜醬
（紅醬）

〈材料〉（2人份）

豆腐……………………………1塊
菠菜……………………………1/2把
螃蟹罐頭………1罐（或蟹肉棒1包）
＊留下少許裝飾用的蟹肉備用
沙拉油……………………1大茶匙
奶油…………………………20g
蔬菜醬（紅醬）………………3/4杯
麵包粉（細）……………1大茶匙

A 酪梨……………………1/2個
　白醬……………………1/2杯
　鮮奶油………………3大茶匙
　鹽、胡椒………………各少許

作法　How to make

1 先把豆腐的水分瀝乾，切成8等分。酪梨去籽、削皮，切成4等分，接著將菠菜切成4cm長。蟹肉剝散備用。

2 把沙拉油、奶油倒進平底鍋裡加熱，倒入菠菜，以中火炒到軟，再加入蟹肉，迅速地拌炒一下。

3 將蔬菜醬（紅醬）加到作法2裡，待煮滾後再以鹽、胡椒（分量另計）調味，即可關火。

4 A材料倒進食物調理機，攪拌到柔滑細緻。

5 先把奶油（分量另計）塗抹在耐熱容器的內側，放入豆腐，均勻地放上作法3，淋上作法4，再放上裝飾用的蟹肉，撒上麵包粉，放進預熱至200度的烤箱烤15分鐘左右。

39

青江菜鍋巴番茄濃湯

利用煮湯的時間把鍋巴炸好,趁熱盛入碗中,淋上濃湯。酥酥脆脆的鍋巴與
濃郁香醇的濃湯美味得不得了。

〈材料〉（3～4人份）

青江菜…………………………1株
紅蘿蔔…………………………1/4根
香菇……………………………1朵
水煮竹筍………………………20g
大蔥……………………………1/2根
豬肉片…………………………80g
鹽、胡椒 ………………………各少許
麻油……………………………1大茶匙

太白粉水………………………3大茶匙
（1大茶匙太白粉：2大茶匙水）
鍋巴……………………………12片
蔥………………………………2根
炸油……………………………適量
A 水……………………………1又1/2杯
　蔬菜醬（紅醬）………………1杯
　中式高湯粉……………………2小茶匙

作法 | How to make

1 把青江菜分成一片一片的，切成3cm長。紅蘿蔔削皮，切成條狀。香菇、竹筍切片，大蔥斜斜地切成3cm長的條狀。把鹽、胡椒撒在豬肉片上調味備用。

2 加熱鍋子裡的麻油（1/2大茶匙），以大火把豬肉炒熟，取出備用。

3 再補1/2大茶匙的麻油到作法2的鍋子裡，依序加入大蔥、紅蘿蔔、竹筍、香菇、青江菜拌炒。加入豬肉片、A材料，開大火煮到沸騰後，繼續煮2分鐘，以鹽、胡椒（分量另計）調味，再以太白粉水勾芡。

4 以180度的炸油將鍋巴炸成漂亮的金黃色，盛入碗中，淋上作法3，再撒上蔥花。

40 俄羅斯酸奶牛肉蕈菇義大利麵捲

只要善用棕醬,就能輕鬆又迅速地完成費時費工的俄羅斯酸奶牛肉。
和拌上蔬菜醬(青醬)的菇類一起烤,可以讓味道更有層次。

〈材料〉(2人份)

鴻喜菇	1/2包
舞菇	1/2包
杏鮑菇	1根
橄欖油	2大茶匙
白酒	1大茶匙
鹽、胡椒	各少許
牛肉片	100g
洋蔥	1/2顆
紅椒	1/4個
低筋麵粉	適量
棕醬	1杯
牛奶	1/2杯
義大利麵捲	4根
切碎的荷蘭芹	適量
起司絲	40g
A 蔬菜醬(青醬)	3大茶匙
茅屋起司(事先過篩的產品)	2大茶匙

Brown&
Vegetable
source
棕醬&
蔬菜醬
（青醬）

作法 How to make

1

切除鴻喜菇、舞菇的蒂頭，撕成小朵，把杏鮑菇橫切成兩半，再用手撕開。

2

橄欖油（1大茶匙）倒進平底鍋裡起油鍋，倒入作法1，迅速拌炒一下，加入白酒，待酒精揮發後，再以鹽、胡椒調味，從平底鍋裡取出後，放涼備用。

3

先把牛肉片切成一口大小，撒鹽、胡椒。再把橄欖油（1大茶匙）倒進作法2的平底鍋裡起油鍋，加入切成薄片的洋蔥、紅椒，大火快炒，再加入拍上薄薄一層低筋麵粉的牛肉片，炒到牛肉片變色即可。

4

將棕醬加到作法3裡，開大火煮滾後，再轉小火繼續煮5分鐘，最後再加入牛奶，以鹽、胡椒（分量另計）調味。

5

用鍋子煮沸2公升的熱水，加入1大茶匙鹽和少許橄欖油（兩者的分量皆另計），放入義大利麵捲煮熟。煮好後沖一下冷水，瀝乾水分備用。

6

把作法2的菇類、A材料倒進調理碗，充分攪拌均勻。

7

每根義大利麵捲填入1/4的作法6。把奶油（分量另計）塗抹在耐熱容器的內側，放入義大利麵捲，淋上作法4。

8

將起司絲撒在作法7表面，放進預熱至200度的烤箱烤15分鐘左右。最後再撒上切碎的荷蘭芹。

白醬　棕醬　蔬菜醬

醬汁的活用小撇步

三種醬汁還可以運用在沙拉或主菜等各式各樣的菜單上。做完焗烤與濃湯後，如果還有剩下，請務必加以活用。

白醬　肉桂與杏仁的香氣四溢，給大人吃的沙拉

南瓜沙拉

〈材料〉（2人份）

南瓜	1/4個（淨重約300g）
洋蔥	1/8顆
烤過的杏仁	適量
肉桂	少許
蒔蘿	少許
A 白醬	3大茶匙
優格	1大茶匙

作法

1 剔除南瓜的種籽和瓜囊，切成3cm的小丁，用水洗乾淨，放進耐熱容器裡，罩上保鮮膜，放進微波爐（600W）加熱5分鐘，直到竹籤可以輕易地刺進去，再把皮削掉，趁熱稍微搗碎。

2 洋蔥切成薄片，用鹽（分量另計）揉搓，再泡一下水，用濾杓撈起來，把水分瀝乾。

3 把A材料和作法2加到放涼的作法1裡拌均，再以鹽、胡椒（分量另計）調味。

4 盛盤，放上烤過的杏仁，再撒些肉桂，以蒔蘿做裝飾。

白醬　香醇濃郁的醬汁與軟嫩多汁的雞肉，十分對味

香煎雞肉佐芥末醬

〈材料〉（2人份）

雞腿肉	2片	鹽	1/4小茶匙
洋蔥	1/8顆	胡椒	少許
紅椒	1/8個	橄欖油	適量
櫛瓜	3cm	豆瓣菜	適量
橄欖油	適量	A 白醬	3大茶匙
白酒	1大茶匙	芥末籽	2小茶匙
鮮奶油	3大茶匙		

作法

1 去除雞肉多餘的油花，用叉子在雞皮上刺幾個洞，以鹽（1片雞肉1/8小茶匙）、胡椒醃漬入味。把洋蔥、紅椒、櫛瓜切成5mm小丁。

2 把橄欖油倒進平底鍋裡起油鍋，雞皮朝下，放入雞肉，開大火煎，煎到兩面都呈現美味的金黃色以後再加入白酒，蓋上鍋蓋，轉小火，半蒸半烤地再煎5分鐘左右，確定裡面也熟了就能取出雞肉。

3 再補一些橄欖油到作法2的平底鍋裡，轉中火，依序把洋蔥、紅椒、櫛瓜炒到軟。

4 將A材料加到作法3裡，邊攪拌邊以中火加熱，再倒入鮮奶油，以鹽、胡椒（分量另計）調味後，關火。將作法2盛入盤中，淋上醬汁，再放上豆瓣菜。

棕醬 只要有醬汁，就能輕易做成法式風格

豬五花肉的卡酥來砂鍋

〈材料〉（2人份）

豬五花肉塊	200g	塊狀番茄	1/4罐
鹽、胡椒	各少許	白腎豆（水煮）	1/2罐
蒜頭	1瓣	水、棕醬	各1/2杯
洋蔥	1/2顆	月桂葉	1片
香腸	100g	炒過的麵包粉	適量
橄欖油	2小茶匙	切碎的荷蘭芹	適量

作法

1 將豬五花肉塊切成2cm的小丁，撒上鹽、胡椒，醃漬10分鐘使其入味。蒜頭切成碎末，洋蔥切成1cm的小丁，香腸切成1cm寬的圓片。

2 先把橄欖油、蒜頭、洋蔥倒進鍋子裡，烤到洋蔥變軟。再加入豬五花肉，以中火炒到表面呈現金黃色即可。

3 把塊狀番茄、白腎豆、香腸、水、棕醬、月桂葉加到作法2裡，開大火煮滾後，再轉小火繼續煮30分鐘左右，把材料煮到軟。

4 以鹽、胡椒（分量另計）調味，盛盤，撒上炒過的麵包粉、切碎的荷蘭芹。

棕醬 既下酒又下飯！

炸蓮藕肉餅

〈材料〉（5個份）

牛豬混合絞肉	200g	棕醬	3大茶匙
鹽、胡椒	各少許	打散的蛋液	1個
肉豆蔻	少許	炸油	適量
蓮藕	10片（5mm的圓片）	義大利香芹	適量
蒜頭	1瓣	**A** 麵包粉	8大茶匙
橄欖油	1/2大茶匙	小茴香籽	2小茶匙
低筋麵粉	1大茶匙		

作法

1 把牛豬混合絞肉放進調理碗，加入鹽、胡椒、肉豆蔻，用筷子稍微攪拌一下，整合成一塊。把蓮藕浸泡在醋水（分量另計）裡備用。將蒜頭切成碎末。

2 先把橄欖油、蒜末放進平底鍋裡，以小火爆香，再加入作法1的絞肉，轉大火將表面煎到有點硬，再邊攪散邊拌炒，撒一些低筋麵粉，炒到不再有粉末狀。

3 將棕醬加到作法2裡，混合攪拌均勻，以鹽、胡椒調味，關火，放涼備用。為擦乾水分的蓮藕薄薄地拍上一層低筋麵粉（分量另計），用2片蓮藕把1/5放涼備用的絞肉夾起來，在蓮藕周圍同樣也拍上一層低筋麵粉（分量另計），共做5個。

4 依序為作法3的表面裹上蛋液、A材料，放進加熱到170度的油鍋裡炸。盛盤，依個人口味放上檸檬和義大利香芹。

蔬菜醬
（青醬）

會讓人想搭配白酒的義式前菜

海鮮蔬菜沙拉

〈材料〉（4人份）

綜合海鮮	1包	A 蔬菜醬（青醬）	3大茶匙
白酒	2大茶匙	白酒醋	1大茶匙
黃椒	1/4個	鹽、胡椒	各少許
櫛瓜	1條	砂糖	1小茶匙
小番茄	8顆		
橄欖油	3大茶匙		

作法

1 把綜合海鮮倒進鍋子裡，淋上白酒，開中火煮到沸騰，再轉小火加熱2～3分鐘，關火，用濾杓撈出來。將黃椒切成一口大小的滾刀塊、櫛瓜切成1cm厚的三角形。

2 煮一鍋熱水，煮滾後再放入小番茄，煮到表面膨脹後，再放進冷水剝皮。接著再把少許的鹽（分量另計）加到熱水裡，放入黃椒、櫛瓜稍微汆燙一下，用濾杓撈起來，放涼備用。

3 將A材料放入調理碗，充分攪拌均勻，再一點一點地加入橄欖油，使其乳化。加入作法1的綜合海鮮和作法2，充分攪拌均勻，盛盤。

蔬菜醬
（青醬）

用蔬菜醬的美味高湯來調味

雞肉炊飯

〈材料〉（4人份）

米	2包	三色蔬菜	100g
雞胸肉	150g	黑胡椒粒	少許
鹽、胡椒	各少許	A 蔬菜醬（青醬）	4大茶匙
洋蔥	1/4顆	雞湯粉	2小茶匙
沙拉油	1大茶匙	水	340ml
奶油	20g		

作法

1 把米洗乾淨，用濾杓把水分徹底地瀝乾備用。雞胸肉切成一口大小，撒上鹽、胡椒，醃漬入味。洋蔥切成粗末。

2 加熱鍋子裡的沙拉油，放入洋蔥，開中火把洋蔥炒軟。再加入雞胸肉，以中火迅速地拌炒一下，炒到雞肉表面變色即可。

3 將奶油加到作法2裡，使其融解，再加入米，以中強火一邊撥鬆米粒一邊炒熟米芯。加入A材料，整個攪拌均勻，再加入三色蔬菜，蓋上鍋蓋，轉中火。

4 待作法3完全沸騰後，轉成文火，繼續加熱12分鐘後關火，再蒸10分鐘。盛盤，撒上黑胡椒粒。

清淡的酸味、十分爽口的地中海美食

蔬菜醬
（紅醬）

油炸醃製竹筴魚

〈材料〉（2人份）

竹筴魚 …………………2尾	炸油……………………… 適量
紫色洋蔥 ……………… 1/4顆	芝麻葉…………………… 1棵
紅椒 …………………… 1/4個	**A** 紅醬…………………3大茶匙
芹菜 …………………… 1/3根	白酒醋、橄欖油………各3大茶匙
低筋麵粉 ……………… 適量	砂糖…………………… 1小茶匙
鹽、胡椒 ……………… 各少許	鹽、胡椒 ……………… 各少許

作法

1 把竹筴魚片成3塊，每塊再切成兩半，抹上薄薄的一層鹽，醃漬10分鐘，待多餘的水分滲出後，再以廚房專用紙巾擦乾備用。將A材料充分攪拌均勻後，放入調理盤。

2 紫色洋蔥、紅椒切成薄片，用削皮刀把芹菜削成3cm長的緞帶狀。把所有的材料倒進作法1裡，攪拌均勻備用。

3 將胡椒撒在作法1的竹筴魚上，拍上薄薄的一層低筋麵粉，放進加熱到170度的油裡炸到酥脆，變成金黃色。

4 把作法3加到作法2裡拌勻，放涼以後，再放進冰箱裡冷藏。盛盤，撒上撕碎的芝麻葉。

會牽絲的起司與茄汁飯十分對味

蔬菜醬
（紅醬）

包了起司的炸飯糰

〈材料〉（5個）

白飯 ……………………… 200g	炸油…………………………… 適量
蔬菜醬（紅醬） ………… 1/2杯	義大利香芹………………… 適量
鹽、胡椒 ……………… 各少許	**A** 紅醬………………………… 1/4杯
起司絲 ……………………… 30g	義大利酒醋………………… 1小茶匙
低筋麵粉、比較細的麵包粉…… 適量	紅酒………………………… 2大茶匙
打散的蛋液…………………… 1個	砂糖………………………… 1小茶匙

作法

1 把加熱過的蔬菜醬（紅醬）和鹽、胡椒加到熱騰騰的白飯裡，充分攪拌均勻，壓平放在調理盤中，放涼備用。

2 將作法1分成5等分，把起司絲放在每一等分的飯中央，用保鮮膜捏成圓圓的球狀，依序裹上低筋麵粉、打散的蛋液、麵包粉。

3 放進加熱到170度的油鍋裡炸到呈現漂亮的金黃色，再把炸好的飯糰瀝乾油，備用。

4 把A材料倒進另一個鍋子裡，以中火加熱，煮滾後再轉小火，邊攪拌邊繼續煮5分鐘。把作法3移到盤子裡，淋上醬汁，放上義大利香芹。

焗烤與濃湯的
變化版食譜
Luxury Gratin &
Delicious soup

以下為各位介紹第二天也能美味享用
剩下的焗烤、濃湯的創意巧思！

鬆鬆軟軟的蛋捲

焗烤變化版

重點在於要在蛋液裡加入牛奶！
把焗烤包進入口即化、鬆鬆軟軟的蛋捲裡，搭配麵包，做成假日的早午餐。

〈材料〉（1人份）

喜歡的焗烤（這裡用的是滿是香菜的紅咖哩焗烤）…………………	適量
蛋………………………………………	2個
鹽………………………………………	少許
牛奶……………………………………	2小茶匙
沙拉油…………………………………	適量
香菜……………………………………	適量
小番茄…………………………………	1顆

作法

1 將喜歡的焗烤（這裡用的是滿是香菜的紅咖哩焗烤）放進微波爐裡加熱備用。

2 把蛋打到調理碗中，加鹽，用筷子以把蛋筋切斷的方向攪拌10次左右，加入牛奶，繼續攪拌。

3 沙拉油倒進平底鍋裡加熱，用廚房專用紙巾吸去多餘的油，一口氣倒入作法2的蛋液，一面晃動平底鍋，一面用筷子畫圓，以把空氣攪進去的方式把蛋打散。把蛋煎到半熟後，關火，用筷子掀起蛋的邊緣，把作法1的焗烤放在中央。

4 傾斜平底鍋，用前後兩邊的蛋皮把焗烤包起來，利用平底鍋的邊緣把蛋翻過來，移到盤子裡。最後再撒一些香菜，放上切成兩半的小番茄。

適合做成蛋捲的焗烤

※ 也可以用蛋把奶油飯包起來，再把喜歡的濃湯淋在蛋包飯上。

分量十足的熱狗

焗烤變化版

直接把焗烤夾進麵包裡做成熱狗。再利用市售的德式酸菜添加淡淡的清爽酸味是其美味的祕訣。

〈材料〉（2人份）

熱狗用的麵包……………………… 2個
喜歡的焗烤（這裡用的是西班牙香腸
茄子莎莎醬焗烤）………………… 適量
德式酸菜（現成品）……………… 適量
起司絲……………………………… 適量
蒔蘿………………………………… 適量

作法

1 在熱狗用的麵包中間垂直地劃一刀。
2 依序在作法1的麵包裡夾入喜歡的焗烤（這裡用的是西班牙香腸茄子莎莎醬焗烤）、起司絲。
3 放進烤吐司用的小烤箱，整個烤成漂亮的金黃色。最後再放上蒔蘿做裝飾。

適合做成熱狗的焗烤

牧羊人派…………………………………… P054
西班牙香腸茄子莎莎醬焗烤…………… P088
沙丁魚羅勒番茄焗烤…………………… P094

焗烤比薩

焗烤變化版

因為是已經有味道的焗烤，所以不需要比薩醬，只要放在市售的比薩餅皮上即可。隨焗烤的口味，可以變化成和風、異國風味、西式等各式各樣的比薩。

〈材料〉（1人份）

市售的比薩餅皮 ………………… 1片
喜歡的焗烤（這裡用的是小芋頭章魚
明太子奶油焗烤）………………… 適量
蔥花………………………………… 適量
起司絲……………………………… 適量
Tabasco辣椒醬 ………………… 適量

作法

1 把喜歡的焗烤（這裡用的是小芋頭章魚明太子奶油焗烤）的材料均勻地鋪平在市售的比薩餅皮上。
2 均勻地把起司絲撒在作法1上，再撒上蔥花。
3 放進烤吐司用的小烤箱，烤成漂亮的金黃色。
4 再依個人口味加點Tabasco辣椒醬來吃。

適合做成比薩的焗烤

小芋頭章魚明太子奶油焗烤 ……………… P028
九條蔥牛筋焗烤………………………… P060
雞肉酪梨異國風味焗烤………………… P084

香濃好吃的燉飯

把高湯和白飯加到剩下的濃湯裡,做成美味的燉飯。光靠這盤就能變身為豐盛的早午餐或晚餐。

〈材料〉（2人份）

喜歡的濃湯（這裡用的是烤鮭魚佐蕪菁的豆漿奶油濃湯）…………………1杯
高湯…………………………………1/2杯
白飯…………………………………1碗
鴨兒芹…………………………… 適量

作法

1 把喜歡的濃湯（這裡用的是烤鮭魚佐蕪菁的豆漿奶油濃湯）和高湯、白飯倒進鍋子裡,開中火加熱。

2 煮滾後轉小火,繼續煮5分鐘後,以鹽、胡椒（分量另計）調味,關火。

3 把隨意撕碎的鴨兒芹撒在作法2上,盛盤。

適合做成燉飯的焗烤

牡蠣培根柚子胡椒巧達濃湯 …………………………… P030
烤鮭魚佐蕪菁的豆漿奶油濃湯 ………………………… P046
西西里風櫛瓜鮪魚濃湯 ………………………………… P082

濃湯
變化版

熱呼呼的焗烤麵包

只要把麵包和濃湯一起放進小烤箱裡烘烤即可！麵包用的是布里歐或法國麵包、厚片吐司，切開後鋪滿在容器裡，再倒入濃湯，就能做成美味的焗烤麵包。

〈材料〉（2人份）

奶油	適量
三明治用的吐司	6片
喜歡的濃湯（這裡用的是燙青菜棕醬濃湯）	適量
起司絲	適量

作法

1 把奶油塗抹在耐熱容器裡，把三明治用的吐司交錯地重疊在裡頭。

2 把喜歡的濃湯（這裡用的是燙青菜棕醬濃湯）倒進作法1裡，撒上起司絲。

3 用烤吐司的小烤箱裡烤10～15分鐘，烤到呈現金黃色。

適合做成焗烤麵包的濃湯

酥皮雞肉奶油濃湯	P026
蓮藕肉丸濃湯	P062
燙青菜棕醬濃湯	P066

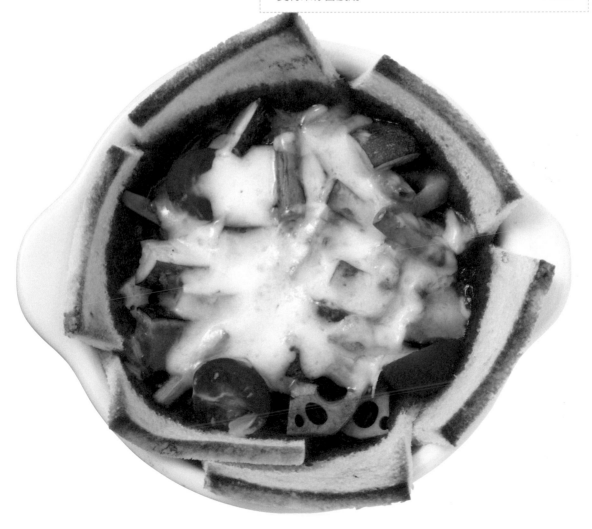

中式料理

1 美味台灣菜：138 道傳統美味與流行創業小吃

作者／傅培梅、程安琪、陳盈舟　定價／548元

一次收集79道傳統名菜×59種台灣小吃，開店創業、在家品味不可缺少的美食寶典。大師級的饗宴，台菜、小吃的經典之作，傅培梅、程安琪、陳盈舟三位老師傳承復古好味道，細心講解獨家好吃祕方，讓您做出道地台灣美味。

2 健康低油上海菜

作者／曹明　定價／340元

嚴選台灣由北至南9大有機蔬菜，健康低油的料理方式，68道超級美味上桌。嚴選各式食材，取其最好吃的部位，擺脫過度烹調與油膩的上海菜印象，堅持用最適合的食材，最健康的烹調方式，滿足挑剔的味蕾。

3 廚師劇場 北方菜：大廚說菜，咀嚼北方飲食文化的轉變

作者／郭木炎 撰文／岳家青　定價／488元

「廚師劇場」是以中國廚師歷史之演變，看現代廚師之舞台。本書以台灣廚師的記憶與傳承，呈現北方菜，雖然這一切皆源自中國，但經過七十多年的時光，已是不同風貌，將展現出更多元豐富的飲食文化面向。

4 香港菜：經典、懷舊、美味 最具代表性的人氣好滋味

作者／陳紀臨、方曉嵐　定價／420元

作者精選最具代表性的香港家常好菜，每道食譜前均有小故事，或與菜肴有關，或為香港舊事，文字簡潔，引人入勝。食譜部分均有中英對照，方便外籍人士學習中菜。

5 一次搞懂江浙菜

作者／陳紀臨、方曉嵐　定價／320元

所有關於江浙菜的大小問題，從食材挑選、醬料使用、處理技巧到烹飪祕訣，一次在書裡通通搞懂！書後並附上所有關於「煮」婦和料理人的疑惑剖析，一書在手，在家學做江浙菜料理達人，輕而易舉！本書附有英文版食譜。

6 一次搞懂客家菜

作者／陳紀臨、方曉嵐　定價／320元

食譜中並附有食材挑選、醬料使用、處理技巧和烹飪祕訣提點，所有關於「煮」婦和料理人的疑惑一一詳細剖析，在家學做客家菜料理達人，輕而易舉！本書附有英文版食譜，方便外籍人士學習客家菜。

7 100種美味餡料的中式麵食

作者／程安琪　定價／349元

好吃包起來，美味藏不住！餃子、包子、餛飩、春捲、燒賣、淋餅和酥皮類……共100種美味餡料中式麵食，依次收錄。書中扎實詳細的小步驟圖，讓您一看就可做出美好滋味。

8 舌尖上的K姐之大師的家宴

作者／K姐　定價／400元

收藏大三元、金蓬萊、Orchid蘭、J&J 私廚、夜上海等不同菜系十二位名廚的獨家絕學，和許多師傅不說你不知道的烹飪小技巧，用唾手可得的食材和最簡單步驟，素人瞬間變名廚，在家也能享受米其林等級的家宴！

異國料理

1 日本菜 日本家常料理：亞洲廚神の味自慢家庭風料理

作者／李佳其、李佳和　攝影／楊志雄　定價／380元

獲獎無數的廚神兄弟傾囊相授、毫不藏私，不論是茶泡飯、中華涼麵、豬排丼，還是鹽烤秋刀魚、烏賊乾、薑燒豬肉、炸牡蠣……精湛的廚藝示範搭配詳細步驟圖，你也可以像食堂老闆一樣，做出一道道溫暖人心的日式家常料理。

2 韓國菜：80道必學韓國菜

作者／李香芳、程安琪　定價／300元

李香芳老師與程安琪老師聯手合作，帶來80道美味的韓國料理。精選海鮮、肉品、青蔬，巧妙搭配韓式料理最重要的辣椒醬和豆醬，從主食、熟菜、涼菜到湯鍋，跟著兩大名廚在本書的詳細示範，在家就可以輕鬆學會韓國料理。

3 必學的泰國料理！從海鮮、肉類、主食、甜品，CC老師教你快樂學泰菜

作者／洪白陽（CC老師）　定價／365元

65道泰國菜，新手必學，簡單好上手（中英對照），一次學會五大種類泰式風味料理：肉類、蝦貝、鮮魚、主食、甜品，每道料理皆有CC老師的烹飪小祕訣，降低實作失敗率。

4 Paco上菜：西班牙美味家常料理

作者／Mr.Paco　譯者／邱思佳　定價／340元

Mr.Paco說，台灣是他的家，西班牙是他的故鄉。他愛台灣，也難忘西班牙的味道，想將西班牙的味道，帶給台灣的大家，西班牙是什麼味道呢？且看Mr.Paco幫你上菜！

5 西班牙大廚教你做分子料理（中英對照）

作者／丹尼爾‧雷格尼亞（Daniel Negreira）譯者／夏荷立、張小眉　定價／788元

書中傾囊相授，教人用台灣本地特有的食材，如鳳梨、荔枝、宜蘭透抽，結合西班牙傳統美食伊比利火腿做出麵包、前菜、主菜到甜點，同時搭配多款葡萄酒，形成精彩絕倫的酒菜唱和。

6 蘿拉老師的泰國家常菜：家常主菜×常備醬料×街頭小食，70道輕鬆上桌！

作者／蘿拉老師　攝影／林韋言　定價／380元

泰式料理達人——蘿拉老師，親授70道泰國經典家常菜，從主食到甜點，從食材採購祕訣到烹調的小撇步。泰國料理中常用的羅望子、羅凱花……台灣都看得到，搭配食材圖、步驟示範圖，認識泰菜食材，泰式家常菜輕鬆上桌。

7 印度料理初學者的第一本書：印度籍主廚奈爾善己教你做70道印度家常料理

作者／奈爾善己　譯者／陳柏瑤　定價／320元

最詳盡的印度料理教科書，顛覆你的想像！原來，印度料理一點也不難！掌握基本3步驟，新手也能做出印度本格菜！從南北咖哩、配菜到米飯、麵包、甜點……怎麼切、怎麼炒，文字步驟配詳盡照片Step by step，初學者也能輕鬆學。

8 廚藝學校：跟著大廚做法國菜(精裝)

作者／梅蘭妮‧馬汀（Mélanie Martin）　譯者／林雅芬　攝影／茱莉‧梅查麗（Julie Méchali）　定價／750元

70招大廚私藏關鍵技巧，精進你對料理的認知：教你做出舒芙蕾糕體、熬煮雞高湯、增添奶油醬濃稠度、煨煮雞肉……50道經典與創新食譜，循序漸進、按圖索驥，從第一步到最後成果，幫助你升級，成為真正的大廚！

點心烘焙

1 懷舊糕餅90道：跟著老師傅學古早味點心

作者／呂鴻禹　定價／420元

累積50年經驗的糕餅師傅，傳統手藝與製作技術大公開。不論是入口即化的雪片糕、豬油糕，層層酥脆的蒜頭酥、太陽餅，或是香甜可口的麻花卷、沙其馬……只要跟著步驟圖操作，讓你在家也能做出90種記憶中的懷念滋味。

2 懷舊糕餅2：再現72道古早味

作者／呂鴻禹　攝影／楊志雄　定價／435元

傳承老師傅手中的好味道，重溫古早味點心的好滋味！不論是口感綿密扎實的龍蝦月餅、象鼻子糕，或是流傳百年的伏苓糕、繼光餅，還是古早味茶點芝麻瓦餅、棗仔枝……這些吃在嘴裡，卻有著世代共同記憶的美好味道，不用再尋尋覓覓，在家就能照著做！

3 懷舊糕餅3：跟著老師傅做特色古早味點心

作者／呂鴻禹　攝影／楊志雄　定價／450元

作者依據現代人的口味，將傳統糕餅食譜重新調整配方，搭配1000張以上的步驟圖，按圖索驥就能優雅上手。書中包含中國宮廷點心、人氣日式和菓子以及台灣傳統糕餅，一書在手，便可做出多國糕餅點心，大方邀請親朋好友同享。

4 舞麥！麵包師的12堂課

作者／張源銘（舞麥者）　定價／300元

一個媒體界的老兵，烘焙界的門外漢，放下執筆之手遠赴澳洲取經，從基礎開始，認識麵粉麥種、瞭解筋度、烘焙果乾、自製香草油，歷經多次失敗與嘗試，終於以台灣野生酵母、小農食材，烘焙出健康、營養、充滿麥香的麵包！

5 65℃湯種麵包

作者／陳郁芬　定價／400元

「湯種」是日本語，意為溫熱的麵種或稀的麵種。湯種再加麵包用的其他材料經攪拌、發酵、整形、烤焙而成的麵包稱為湯種麵包。本書中的各項產品都是依照這個原則所做的變化；您也可以在熟練後，做出更多豐富的產品。

6 100℃湯種麵包：超Q彈台式+歐式、吐司、麵團、麵皮、餡料一次學會

作者／洪瑞隆　攝影／楊志雄　定價／360元

湯種麵包再升級，從麵種、麵皮、餡料到台式、歐式、吐司各種風味變化100℃湯種技法大解密！20年經驗烘焙師傅，傳授技巧，在家也可做出柔軟濕潤，口感Q彈的湯種麵包。

7 麵包的創意與變化：運用七大麵團，做出貝果、吐司、甜甜圈，還有台歐麵包

作者／獨角仙　定價／300元

書中由烘焙基礎開始，引領讀者認識各式工具、並介紹甜點所需的基本材料。本書介紹7種不同麵糰，包括油炸麵糰、老麵、湯種、貝果等等，並以7種麵糰為基底，創造28款天然美味、無添加物的麵包。

8 烘焙達人的美味甜點

作者／獨角仙@藍色大門　定價／300元

甜點，是美味與快樂的根源，是正餐後的重要儀式！誰能抗拒甜點的美味？本書將會由認識烘焙工具入手，並介紹製作甜點需要的基本材料，收錄各式美味、迷人的經典甜點，如：薰衣草蜂蜜馬卡龍、焦糖蘋果派、百香果千層酥等等。

咖啡飲品

1 Home café 家就是咖啡館：從選豆、烘豆、到萃取，在家也能沖出一杯好咖啡

作者／黃虎林　譯者／邱淑怡　定價／400元

想要在家烘出好豆、煮出美味咖啡，跟著本書，讓我們當自己的咖啡師！由專業咖啡大師傳授各種咖啡技巧，從認識萃取機具、選豆祕訣、到烘豆手法；讓家就是咖啡館，享受一杯屬於自己的好咖啡，從現在開始！

2 總有一家咖啡館在等你：咖啡因地圖

作者／林珈如（Elsa）　定價／380元

她是最完美的咖啡館領路人……帶你探訪55間全台最值得去的咖啡館。街角的咖啡館有著連老饕也瘋狂的絕妙蛋糕，在生活壓力的堆疊下，吃上一份能讓人愉悅無比的點心，能讓你精神為之一振！

3 想開咖啡館嗎？：咖啡師的進擊！環遊世界，只為一杯好咖啡

作者／具大會（구대회）　譯者／陳曉菁　定價／400元

這是一本咖啡狂熱者（Coffeeholic）的羅曼史，也是有志經營咖啡店者的全方位指南！跟隨作者的腳步，走訪世界各地的咖啡館與咖啡農場，見識五花八門的沖煮與飲用方式，體驗千奇百怪的咖啡文化！

4 咖啡機聖經3.0

作者／崔範洙　譯者／陳曉菁　定價／380元

咖啡機決定咖啡的味道，能掌控好咖啡機，更是萃取出一杯好咖啡的首要條件。想開咖啡館，你一定要學會掌控咖啡機。想萃取一杯優質咖啡，要留心那些細節？關鍵項目深入剖析，獨家經驗公開傳授。

5 咖啡沖煮大全：咖啡職人的零失敗手沖祕笈

作者／林蔓禎　攝影／楊志雄　定價／350元

想沖出好咖啡，卻始終抓不到訣竅嗎？書中「職人小傳」、「咖啡職人的咖啡館」，分享咖啡師接觸咖啡與開店經營的心得，不論是剛開始接觸咖啡的新人，或更加精進沖煮技巧，本書將會是你唯一選擇！

6 烘豆大全：首爾咖啡學校之父的私房烘豆學

作者／田光壽　攝影／陳曉菁　定價／488元

選豆Ｘ烘豆Ｘ配豆，首爾咖啡學校之父教你掌握三大關鍵，喚醒咖啡豆的原有味道與香氣，烘出香醇迷人的風味咖啡！咖啡豆烘焙得好，咖啡味道自會很迷人。一個優秀的烘豆師，可以讓咖啡豆沉睡的味道與香氣覺醒過來。

7 咖啡拉花：51款大師級藝術拉花

作者／林冬梅　企劃協力／鍾志廷　攝影／楊志雄　定價／370元

14位咖啡拉花師的51款私房拉花圖案，還有拉花達人駐店的優質咖啡館。詳細的步驟、清楚易懂的文字說明，隨書附贈詳盡示範DVD，58款動態拉花教學，讓你快速成為拉花高手！

8 夢想咖啡館創業祕笈：隨著冠軍Barista腳步，打造超人氣店家

作者／侯國全、林子晴　攝影／楊志雄　定價／300元

從地段選擇、店鋪規劃、裝潢細節，到經營模式、菜單設計、器具選購……等等，開一間咖啡館應該具備的知識，不容忽視的細節，由冠軍咖啡師也是咖啡館職人，告訴你如何開一家夢想咖啡館，帶你一圓咖啡夢！

豪華焗烤 & 百變濃湯

一台烤箱、一個湯鍋、經典 3 醬汁，簡單步驟，輕鬆端上桌！

作　　者	絕品RECIPE研究會	
譯　　者	賴惠鈴	
編　　輯	吳嘉芬、黃娃勻	
校　　對	吳嘉芬、黃娃勻	
美術設計	曹文甄、黃珮瑜	

發 行 人	程安琪
總 策 畫	程顯灝
總 編 輯	呂增娣
主　　編	徐詩淵
資深編輯	鄭婷尹
編　　輯	吳嘉芬、林憶欣
編輯助理	黃娃勻
美術主編	劉錦堂
美術編輯	曹文甄、黃珮瑜
行銷總監	呂增慧
資深行銷	謝儀方、吳孟蓉

發 行 部	侯莉莉
財 務 部	許麗娟、陳美齡
印　　務	許丁財
出 版 者	橘子文化事業有限公司

總 代 理	三友圖書有限公司
地　　址	106台北市安和路2段213號4樓
電　　話	(02) 2377-4155
傳　　真	(02) 2377-4355
E-mail	service@sanyau.com.tw
郵政劃撥	05844889 三友圖書有限公司

總 經 銷	大和書報圖書股份有限公司
地　　址	新北市新莊區五工五路2號
電　　話	(02) 8990-2588
傳　　真	(02) 2299-7900

製版印刷	鴻嘉彩藝印刷股份有限公司

初　　版	2018年10月
定　　價	新臺幣350元
I S B N	978-986-364-129-2（平裝）

SAN YAU
http://www.ju-zi.com.tw
三友圖書
友直 友諒 友多聞

SHOUSAI PROCESS TSUKI ZEITAKU GRATIN TO UMAMI STEW
by Zeppin Recipe Kenkyuukai
Copyright © Nitto Shoin Honsha Co., Ltd. 2016
All rights reserved.
Original Japanese edition published by Nitto Shoin Honsha Co., Ltd.

This Traditional Chinese language edition is published by
arrangement with Nitto Shoin Honsha Co., Ltd., Tokyo in care of
Tuttle-Mori Agency, Inc., Tokyo
through Keio Cultural Enterprise Co., Ltd., New Taipei City.

國家圖書館出版品預行編目(CIP)資料

豪華焗烤&百變濃湯：一台烤箱、一個湯鍋、
經典3醬汁，簡單步驟，輕鬆端上桌！ / 絕品
RECIPE研究會著；賴惠鈴譯. -- 初版. -- 臺北
市：橘子文化, 2018.10
　面；　公分
ISBN 978-986-364-129-2(平裝)

1.食譜 2.湯
427.1　　　　　　　　　　107013752

三友圖書有限公司 收
SANYAU PUBLISHING CO., LTD.

106　台北市安和路2段213號4樓

三友圖書
讀書俱樂部

「填妥本回函，寄回本社」，即可免費獲得好好刊。

粉絲招募歡迎加入
臉書／痞客邦搜尋
「三友圖書-微胖男女編輯社」
加入將優先得到出版社
提供的相關優惠、
新書活動等好康訊息。

親愛的讀者:

感謝您購買《豪華焗烤＆百變濃湯:一台烤箱、一個湯鍋、經典 3 醬汁,簡單步驟,輕鬆端上桌!》一書,為感謝您對本書的支持與愛護,只要填妥本回函,並寄回本社,即可成為三友圖書會員,將定期提供新書資訊及各種優惠給您。

姓名＿＿＿＿＿＿＿＿＿＿＿＿＿＿＿＿＿　出生年月日＿＿＿＿＿＿＿＿＿＿＿＿

電話＿＿＿＿＿＿＿＿＿＿＿＿＿　E-mail＿＿＿＿＿＿＿＿＿＿＿＿＿＿＿

通訊地址＿＿＿＿＿＿＿＿＿＿＿＿＿＿＿＿＿＿＿＿＿＿＿＿＿＿＿＿＿＿

臉書帳號＿＿＿＿＿＿＿＿＿＿＿＿＿＿＿＿＿＿＿＿＿＿＿＿＿＿＿＿＿＿

部落格名稱＿＿＿＿＿＿＿＿＿＿＿＿＿＿＿＿＿＿＿＿＿＿＿＿＿＿＿＿＿

1 年齡
☐ 18 歲以下　☐ 19 歲～ 25 歲　☐ 26 歲～ 35 歲　☐ 36 歲～ 45 歲　☐ 46 歲～ 55 歲
☐ 56 歲～ 65 歲　☐ 66 歲～ 75 歲　☐ 76 歲～ 85 歲　☐ 86 歲以上

2 職業
☐軍公教 ☐工 ☐商 ☐自由業 ☐服務業 ☐農林漁牧業 ☐家管 ☐學生
☐其他＿＿＿＿＿＿＿＿＿＿＿＿＿＿＿＿＿＿

3 您從何處購得本書?
☐博客來　☐金石堂網書　☐讀冊　☐誠品網書　☐其他＿＿＿＿＿＿＿＿
☐實體書店＿＿＿＿＿＿＿＿＿＿＿＿＿＿＿＿＿＿

4 您從何處得知本書?
☐博客來　☐金石堂網書　☐讀冊　☐誠品網書　☐其他＿＿＿＿＿＿＿＿
☐實體書店　☐ FB(三友圖書 - 微胖男女編輯社)
☐好好刊(雙月刊)　☐朋友推薦　☐廣播媒體

5 您購買本書的因素有哪些?(可複選)
☐作者 ☐內容 ☐圖片 ☐版面編排 ☐其他＿＿＿＿＿＿＿＿＿＿＿＿

6 您覺得本書的封面設計如何?
☐非常滿意 ☐滿意 ☐普通 ☐很差 ☐其他＿＿＿＿＿＿＿＿＿＿＿＿

7 非常感謝您購買此書,您還對哪些主題有興趣?(可複選)
☐中西食譜　☐點心烘焙　☐飲品類　☐旅遊　☐養生保健　☐瘦身美妝 ☐手作　☐寵物
☐商業理財　☐心靈療癒　☐小說　☐其他＿＿＿＿＿＿＿＿＿＿＿

8 您每個月的購書預算為多少金額?
☐ 1,000 元以下　☐ 1,001 ～ 2,000 元　☐ 2,001 ～ 3,000 元　☐ 3,001 ～ 4,000 元
☐ 4,001 ～ 5,000 元　☐ 5,001 元以上

9 若出版的書籍搭配贈品活動,您比較喜歡哪一類型的贈品?(可選 2 種)
☐食品調味類　☐鍋具類　☐家電用品類　☐書籍類　☐生活用品類　☐ DIY 手作類
☐交通票券類　☐展演活動票券類　☐其他＿＿＿＿＿＿＿＿＿＿＿

10 您認為本書尚需改進之處?以及對我們的意見?
＿＿＿＿＿＿＿＿＿＿＿＿＿＿＿＿＿＿＿＿＿＿＿＿＿＿＿＿＿＿＿＿＿

感謝您的填寫,

您寶貴的建議是我們進步的動力!